# 原来我是这样的我

徐 鸥　虞丽佳　著
喜闻乐见　绘

浙江人民美术出版社

图书在版编目（CIP）数据

原来我是这样的我 / 徐鸥，虞丽佳著；喜闻乐见绘.
杭州：浙江人民美术出版社，2024. 8. -- ISBN 978-7
-5751-0277-3

Ⅰ. B844.2
中国国家版本馆CIP数据核字第2024223BZ6号

责任编辑　冯　玮　陈超奇
装帧设计　刘　金
责任校对　段伟文
责任印制　陈柏荣

**原来我是这样的我**

徐　鸥　虞丽佳　著　　喜闻乐见　绘

特别协助：杭州市西湖区科学技术协会
　　　　　"你好大脑"脑科学体验馆
出版发行：浙江人民美术出版社
地　　址：杭州市环城北路177号
经　　销：全国各地新华书店
制　　版：杭州真凯文化艺术有限公司
印　　刷：浙江兴发印务有限公司
版　　次：2024年8月第1版
印　　次：2024年8月第1次印刷
开　　本：889mm×1230mm　1/32
印　　张：6.75
字　　数：100千字
书　　号：ISBN 978-7-5751-0277-3
定　　价：58.00元

版权所有，侵权必究。如有印装质量问题，影响阅读，请与出版社营销部
联系调换。（联系电话：0571-85174821）

# 序

在这个纷繁复杂的世界里，青少年们面临着前所未有的心理挑战。青少年心理咨询手记《原来我是这样的我》作为一本深入浅出的心理健康读本，为探索青少年心理健康提供了宝贵的参考和启发。作者是一位拥有丰富经验的精神科医生和心理健康工作者，不仅具备专业的医学知识，更有着对青少年心理成长的深刻理解和关怀。

本书采用漫画的形式，生动、直观地传达了青少年保持心理健康的重要性。漫画不仅能吸引青少年的注意，更能以一种轻松愉快的方式，帮助他们理解复杂的心理概念。在这些轻松有趣的画面中，青少年可以看到自己的影子，感受到自己的情感被理解和尊重。

作者通过对一个个案例的剖析，让读者看到了青少年心理问题的多样性和复杂性。这些故事不仅仅是对问题的陈述，更是对解决方案的探索。每一个案例都像是一次心灵的旅行，引导青少年认识自己，理解自己，最终找到解决问题的方法。

对于家长和老师而言，这本书同样宝贵。它不仅提供了与青少年沟通的桥梁，还提供了帮助理解青少年心理健康的知识。通过阅读这本书，家长和老师，以及所有关心关爱青少年健康成长的朋友们，可以更好地理解青少年的内心世界，学会在他们成长的道路上给予更多的支持和引导。

在这个快速变化的时代，这本书提供了一种温暖和理解，帮助青少年健康成长，成为更好的自己。谨此，我热切推荐这本书给青少年们，以及关心青少年成长和健康的家长、老师和朋友们。让我们一起探索和理解那个"原来的我"，在成长的旅途中找到光明和希望。

教育部长江学者　杭州市第七人民医院院长
李涛

# 前言

大家好！我叫徐鸥，是一名心理医生。

不管你是孩子、家长、教育工作者，抑或是心理从业人员。此时此刻，为了共同关注的一件事——青少年心理健康，我们奇妙地相识了。

心理医生，这个职业初入中国普通老百姓的视野，并被逐渐了解，大概始于国内引进的一部美剧《成长的烦恼》。小时候我看过许多遍，剧中父亲杰森就是一个心理医生，我心目中理想的职场男性的形象就是这样的：英俊潇洒，风趣幽默，知识渊博，最关键的是居然还可以在家办公。任何人在诊室的沙发上一躺，絮絮叨叨地进行一番对话，就是一次就诊。剧中有意思的一个地方是，这位心理医生也在为自家三个孩子的成长而烦恼着，会有冲突，也会展现智慧，讲述的也不全是高大上的道理，更多的是处理生活中鸡毛蒜皮的小技巧。剧中的三个孩子也不是个个优秀，他们也有调皮捣蛋、让人头疼的时候。但是在他们的故事中，我们看到的是孩子们最终并没有成为"别人家的孩子"，而是成为更好的自己。

因为喜欢，因为好奇，我下意识地努力向着我的偶像杰森医生靠拢。日常工作中，每天我需要不断地更新知识，查房、心理咨询门诊坐诊、给实习生以及规培生讲课、对社会心理工作者进行培训，这一切让我积累了大量的案例，有了很多的反思，迫不及待地希望和大家分享。这里也要感谢另一位作者——我们的脑科学科普教育工作者虞丽佳女士，这些故事中的脑科学知识和精彩创意很多都来自她的思考，这让每一个漫画更具可看性、科普性。

手捧漫画，让我们一起闻着书香，带着思考，阅读着一个又一个我接触到的真实心理故事。不知不觉中，我们学到了心理知识，感悟了内心真实体验，掌握了解压技巧，一起遇见更好的自己。

准备好了吗？心理医生和来访者的故事，现在开始了！

# 目 录

## 第一章 学业压力

01 人生从来不只一场考试
   解压方法 　　　　　　　　　　　　002

02 时间都去哪儿了
   时间管理 　　　　　　　　　　　　011

03 回不去的学校，迈不进的校门
   焦虑、惊恐状态 　　　　　　　　　019

04 "卷王"也有烦恼
   自我认知 　　　　　　　　　　　　033

05 "学渣"的自我救赎
   自我成长 　　　　　　　　　　　　043

## 第二章 社交

01 不完美才完美
   完美个性 　　　　　　　　　　　　052

02 宿舍生存指南
   寝室关系 　　　　　　　　　　　　060

03　我不是垃圾桶
　　朋友关系　　　　　　　　　　　　　　　068

04　如果有人欺负我
　　校园关系　　　　　　　　　　　　　　076

05　养猫群里的怪知识
　　社会关系　　　　　　　　　　　　　　087

06　为什么我总是静不下来
　　多动症　　　　　　　　　　　　　　　097

## 第三章　情感

01　"青春"碰"更年"，火星撞地球
　　亲子关系　　　　　　　　　　　　　　107

02　真正的爱，是让我们成为最好的自己
　　恋爱话题　　　　　　　　　　　　　　115

03　我也有脆弱的一面
　　社交技巧　　　　　　　　　　　　　　124

04　受伤其实是为了保护自己
　　抑郁、自伤状态　　　　　　　　　　　132

## 第四章　选择

01　用分数还是人格去选择志愿
　　职业规划　　　　　　　　　　　　　　142

02　沉迷游戏的"居家神兽"
　　网络成瘾　　　　　　　　　　　　　　151

03　洗不干净的手
　　强迫状态　　　　　　　　　　　　　　159

04　"聪明药"不补脑
　　物质成瘾　　　　　　　　　　　　　　166

05　一辈子有4次契机会引发心理问题
　　如何看待心理疾病　　　　　　　　　　174

06　别熬了，会失眠的
　　睡眠问题　　　　　　　　　　　　　　183

07　休学真的就是重启吗？
　　休学问题　　　　　　　　　　　　　　191

08　第一次走进心理门诊
　　就诊问题　　　　　　　　　　　　　　200

## 主要人物简介

### 徐医生

心理科医生，心理咨询师。幽默博学，懂孩子的小心思，虽有专业背景加持，但在教育孩子的时候依然产生过不少冲突。在门诊咨询的同时也向孩子们讨教，独到的见解符合现在孩子的心理。

### 妻子

教师。善良开明，但略有些焦虑。特别是在孩子的问题上，像大部分妈妈那样希望把孩子培养成德、智、体、美、劳全面发展的"别人家的孩子"。

**女儿**

初中二年级。成绩优异但有点叛逆，想做妈妈不让做的一切事情，刚刚开始对异性产生朦胧感觉。

**儿子**

小学五年级。成绩中等偏下，调皮可爱，依赖妈妈，酷爱电子产品。

# 第一章
# 学业压力

# 01 人生从来不只一场考试

解压方法

这是我同学小美，她需要你的帮助。
说吧！
事情是从期中考试开始的。
徐医生，我可能是病了……
这次考砸了……
期中考试结束。
来，慢慢说。
坐下！
哎呀，可惜了……
错了两道……
路过！
捂！
啊啊啊！受不了了！

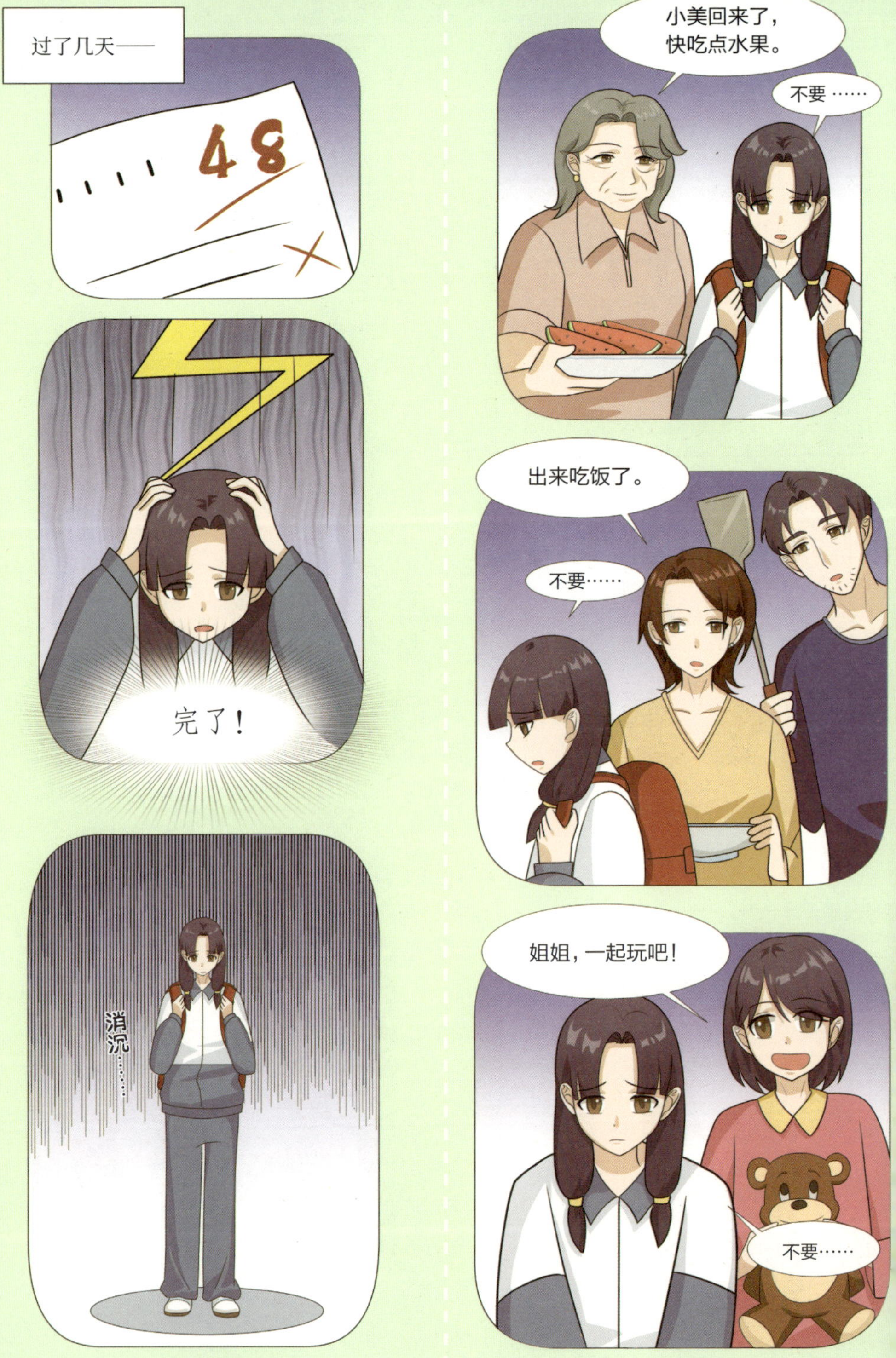
过了几天——
48
完了！
消沉……
小美回来了，
快吃点水果。
不要……
出来吃饭了。
不要……
姐姐，一起玩吧！
不要……

小美，你最近怎么了？

我……

我真的好难受。

心里压抑极了，好像有块骨头卡在喉咙里一样。

摸。

我这是怎么了？

呼吸困难

扑通！

扑通！

别担心，我爸爸是心理医生，他一定可以帮到你。
比如，有没有直接点的办法，让小美不再难过？
爸爸，不要讲大道理，什么合理规划、树立目标、调整动机，接纳不完美的自己……道理我们都懂，说点不懂的，行吗？
有！
思考！
还有什么是你们不懂的？
笑！
什么办法?!

只要锻炼一块肌肉,就能帮到你们。
哪块肌肉这么神奇?
你不会是想骗我们去做运动吧?
这块肌肉叫膈肌，位于胸腔和腹腔之间。它就有那么神奇!
让我强壮起来，帮你释放压力，舒缓情绪。
交感神经
副交感神经
(憋气可以激活副交感神经的活性)
得膈肌者得天下。

教你们做个动作让膈肌运动起来。

慢慢吐气,把肚子里的气放空。

瘪下去!

腹式呼吸法

将你的双手放在腹部,缓慢地用鼻子吸气,让肚子鼓起来。

想象自己的肚子是一个大气球,这个大气球正慢慢地被气体填满。

反复进行3—5次,要把注意力完全集中在腹部的起伏上。

鼓起

腹式呼吸也是瑜伽和冥想的准备动作，多练习几次就会有放松的效果。
吸气……
呼气……
爸爸,这听起来简单，其实有点难。
是的，因为腹式呼吸法的方式和我们平时的胸式呼吸正好反过来，初学时的确不容易掌握。
扶！
下次碰到紧张、害怕、恐惧、睡不着觉的时候都可以用这个方法。
来，我们一起练。
练起来！

> 徐医生碎碎念

世界上任何国家的精英教育都是有压力的，中国孩子普遍压力感更明显，没有压力的优秀是不存在的。但是我要说的是，不是每个人都能承受那么重的课业负担，都需要发展那么多的才艺技能，都必须承载那么大的期望寄托。你是否需要——这个问题的答案在将来你需要应对挑战或者渴求成功的时候才知道，我们现在只是在准备、在规划，没人知道未来的答案。

面对超出个人承受能力的痛苦和焦虑，靠听鸡汤、听大道理肯定是不能解决的，大多数情况下，其实道理我们都懂，面对压力却依然没有好的解决方案。

压力本身没错，我们不是要消灭压力，而是要学会怎样自我缓解压力，要保持对压力的正念、觉知，还要学会觉察、放松。想知道比尔·盖茨、乔布斯这些成功人士平时怎么减压的吗？他们会用比如冥想——这是大脑放松最好的方式，而我们所用的方法就是冥想之前最简单的呼吸调整方法。要知道我们平时用的都是胸式呼吸法：越着急，越激动，交感神经就越兴奋，胸腔起伏就越厉害，就会引起心跳加快、血压升高。而采用腹式呼吸和叹气法，会让身体的副交感神经起作用，这时候心跳速度就会减慢，情绪压力就会降低。这种不花太多时间、不花额外精力、可以悄悄练习的方法，试过的同学都说有效。

很多人问过徐医生这个问题：你每天面对负面情绪是怎么排解的呢？答案就是用了我和大家分享的这个方法，亲测有效，欢迎大家试试！

# 02 时间都去哪儿了

时间管理

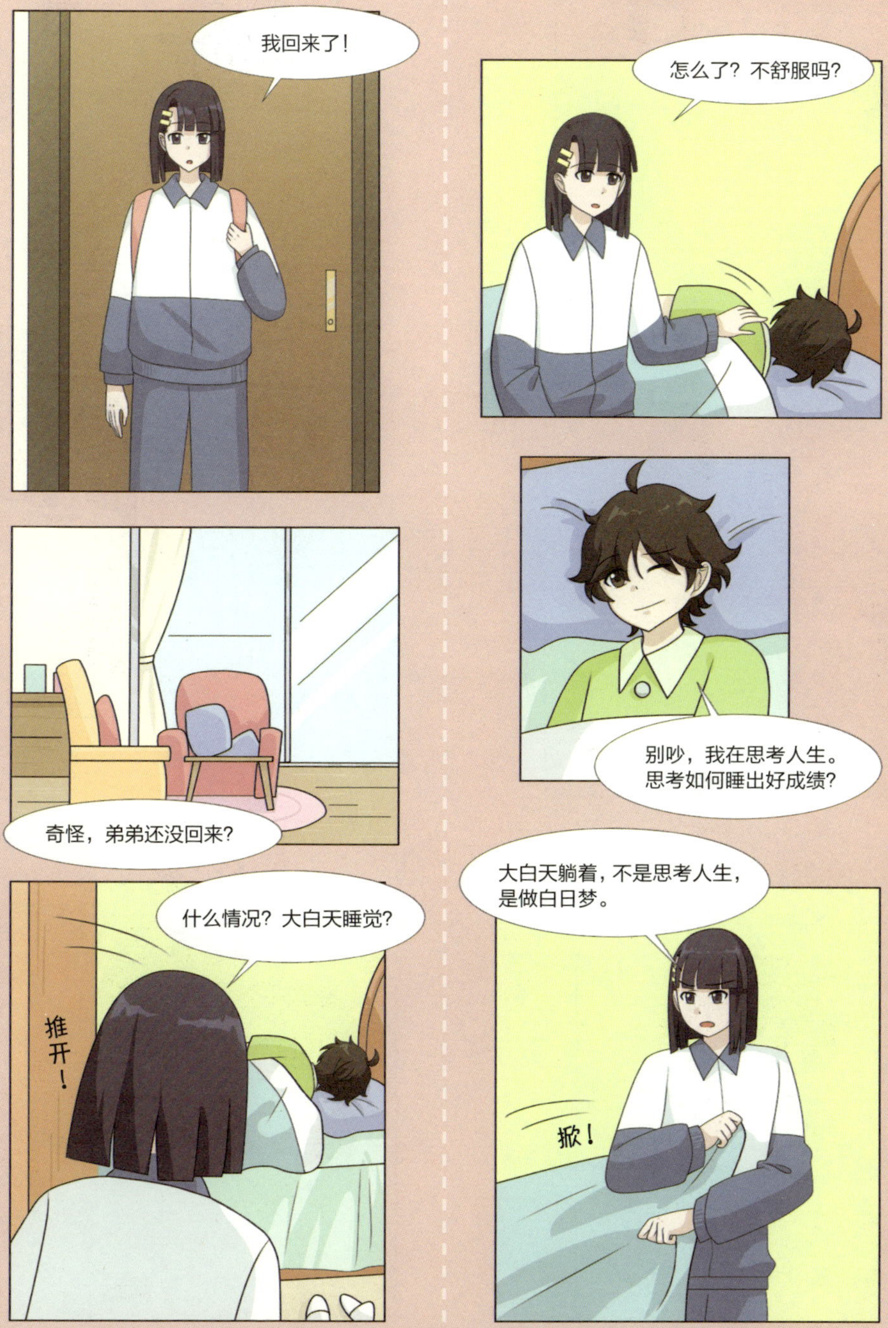

我们班成绩最好的同学
说他就是白天睡觉的！
是不是张浩然？
哎哟！
松！
姐，你真是神仙在世，不仅
力气大还能掐会算，你怎么
知道我说的是张浩然？
他哥张浩宇是我同学，
哥俩一个德行。
啥德行？
白天打瞌睡，晚上打鸡血。
谁又打瞌睡又打鸡血的？
开！
他们是
做到的？

这我可有发言权了，你帮我取次快递，我告诉你。
坐！
你先说说看。如果信息准确，我帮你取两次。
其实爸爸也知道，张浩宇爸爸曾经在家长会上分享过，说家里两个孩子，半夜学习效率特别高。
哦，对，是有这么件事。兄弟俩每天都会学习到凌晨 3 点。
怪不得白天要睡觉了。
所以千万别学他们，人和人不一样。
但是他们也有两个值得你们学习的地方，就是自学能力和时间管理能力。

什么是时间管理能力?
来，我给你们做个实验。
1个杯子
1把花生
1个鸡蛋
1勺红豆
1勺大米
这是要做啥好吃的?
就想着吃。你来试试，怎么
把它们全部放进杯子里?
我来我来。

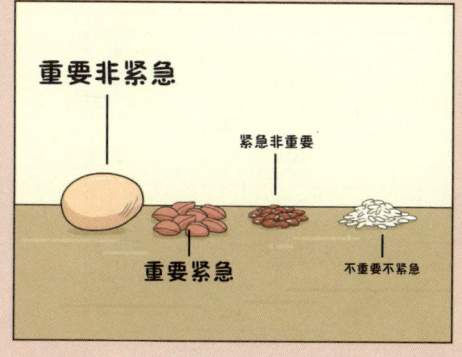

这样不行，大的先来。

重要非紧急　　紧急非重要

重要紧急　　　不重要不紧急

倒！

耶~
时间分配就要按照这样的顺序——
重要非紧急＞重要紧急＞紧急非重要＞不重要不紧急。
成功者花最多时间在做最重要但不紧急的事情。
我们一般花 80% 的时间做重要但不紧急的事情，比如长期计划、交际、建立联系、预防工作，以及维持工作。

然后就是重要又紧急的事情，比如危机、急迫的问题、有期限压力的计划。
再接下来就是紧急但不是那么重要的事情，比如不速之客、某些电话、某些信件。
最后就是不重要不紧急的事情。
我懂了，张小牛是夜猫子，所以他用他状态最好的时间来学习，白天状态不好的时候和我们吹牛、睡觉。
那你呢？
我应该是下午 5 点左右晚饭前脑子最好使，状态最差是中午，就只能翻翻书做些不用脑子的事儿。
跑进！
哎！你干吗？
我脑子最好使就是现在，我得用起来！

> 徐医生碎碎念

德国诗人歌德曾说:"重要之事绝不可受芝麻绿豆之类小事的牵绊。"说的是时间管理的重要性。

这让我想起有个来访的孩子和我说过,他的优秀不在于多有天赋、多努力,而是他掌握了一套科学的时间管理方法,同学们都叫他"时间管理大师"。这样的人我们身边一定有,他们可能是那个天天在教室里睡觉而成绩依然很好的同学,可能是那个天天和大家一起学习,成绩却遥遥领先的同学,也可能是……反正就是非常厉害。

我们先来看看和时间相关性比较大的几个词。"效率"这个词,属于管理学范畴,是指通过时间管理,更有效地安排时间和任务,提高工作、学习效率。"自律"这个词,属于教育学范畴,是指通过时间管理,分离出个人的高效、低效时间段,在高效时间段内做有价值的事,实现个人目标。"自信心"这个词,属于心理学范畴,是指在有效管理好时间后,通过更好更多地完成任务和达成目标后逐渐增强自信。"压力"这个词,属于社会学范畴,通过时间管理,明确规划工作和休息时间,避免过度劳累和压力积累。

在传统观念里,我们比较注重高效利用时间,就是要在短时间内完成更多的事情。但更优解应该是:分配好时间,在特定时间内提高专注力,不必完成所有的事情,而是全神贯注地做好某件事。

漫画中关于时间管理的内容,印证了巴菲特曾提出的一个建议:先将人生中最想做到的事按重要程度排序,然后将时间用在排行前五的事情上。其余所有事情,则不惜一切代价极力避免。

## 03 回不去的学校，迈不进的校门　　焦虑、惊恐状态

第一天

××小学

咽！

抬！

儿子为什么不进去?

你怎么不去上学?

哎,我是不是被发现了?

第二天

跑走——

第三天
我好没用。
作为一个心理医生，我知道
儿子应该是遇到什么问题了。
来聊聊？
我知道你要聊啥。
那你猜猜，
我今天要
聊啥?

你看到我磨磨蹭蹭，不想进校门，是吧？
点头！
为什么呢？
挣扎！
爸爸，为什么我一到校门口就腿软？
其实上了五年级后，刚开学就这样……
你是从什么时候开始的？

你是不是不只腿软，还呼吸急促、浑身发抖？
爸爸，我是不是病了？
你除了身体的不舒服外，还有其他地方不舒服吗？
我心里不舒服，
感觉特别丢人。
你在担心什么吗？
我担心的事情太多了。

担心随堂考试
考不好，
担心老师对我最近不
交作业有看法，
担心那个我讨厌
的同学又来和我
说话。
哎呀，那担心的事
真的太多了！
爸爸教你一个小技
巧，让你不仅不怕
这些“担心”，还
敢大胆地抱紧它。
在我的心理门诊里，
有很多这样的迈不进
校门的孩子。他们不
是不够优秀，不是没
有胆量，他们不是不
想摆脱焦虑、恐惧、
伤感，表现出来的却
总是内疚、孤独，甚
至是暴怒。
他们想尝试自强
勇敢，却总使
上力，几次尝
失败后就开始
生逃避的想法
有些孩子还会
现发热、尿失
等躯体表现。

来,咱们先来做一件容易的事儿。

容易的事儿?是什么?

最起码听着挺容易的。你要不要试试?

可以。

你来试试:别去想一头大象。

啥?! 大象?
啪!!
对,千万别想大象。
大象长什么样子……
耳朵……
噗!
鼻子……
尾巴……
噗!
噗!
什么都别想!
我的天呐，在你说的那一刻我已经开始想了。
砰!
哈哈哈哈，
再试试，别想大象，千万别想。
噗!
噗!
爸爸，我太难

我越努力控制，脑袋里的大象就越多。
甚至我还把盲人摸象、
曹冲称象、人心不足蛇吞象都想了一遍。
爸爸你是不是偷偷把大象塞进我的脑子里了？
其实爸爸也做不到。
你都不行？
对啊，我们都一样，谁都做不到。
摊手！

真的，爸爸！
太难了。
一个外在世界，是你看得到、摸得着的真实世界。
其实……
还有一个内在世界，它看不到、摸不着，只有自己知道它的存在。
我们处于两个世界。
无法控制它们吗？

比如这个。
倒——
来，我们再来玩个游戏。
伸手！
伸！
你越用手抓，
越抓不住。
哗啦啦——
你想躲开它，它却泼你一头水，躲都躲不开。
泼！
那我就时时刻刻盯着它、防着它！
放！
你这样会不会太累哦！

好累……
那我们换个方法……
静静地观察它，学会与它和平共处。
然后，
各种乱七八糟的想法，来一个放大一个，看看最坏能坏到哪里。
好吧，我们试试。
担心考不好，最坏的结果不会是最后一名。
可以，我能接受。

最近作业太多了,我想偷懒。

爸爸你帮我和老师打个招呼吧!

关于那个讨厌的同学,再糟糕也不过是他在背后说我坏话。

不理他。我又不是没好朋友了。

厉害,厉害!

尤像那头大象,本来你就知道它的样子。

你想与不想,我始终存在。

去拥抱它,不要回避它。

我突然想到,我该怎么处理"水"了。

我也不想浪费时间和精力去抓它了,就给它一个杯子,它肯定愿意待在里面的。

到底是心理医生的儿子,还会举一反三了。

031

> 徐医生碎碎念

英国前首相丘吉尔说过:"当我回顾所有的烦恼时,想起一位老人的故事,他临终前说:'一生烦恼太多,但大部分担忧的事情却从来没有发生过。'"

《装在套子里的人》的主人公别里科夫,总认为生活会出现乱子,所以即使是晴朗的天气,他出门时也会带上雨具,穿好鞋套和暖和的大衣。他常活在自己臆想的担忧里,最后也在忧虑中死去。

生活学习中,适度的焦虑可以成为前进的动力,但频繁的情绪化状态,只会让自己陷入痛苦的深渊。

经常有人向我咨询如何面对负面情绪,我想分享一个经验:当我们开始回避或逃避的那一刻,就已经输了,因为我们把负面情绪当作要解决的问题,而忽略了真正要做的事,时间久了,我们的大脑就被情绪所占据。

漫画里描述了很多焦虑、惊恐状态不请自来的场景,如果不能全然接受、拥有接纳与面对现实的能力,那么当负面情绪扑面而来时,意味着我们不得不回避问题或选择与之对抗;而接纳已经发生的事实,用更理智、平衡的方法去缓解情绪的困扰才是最优解。当然,这需要我们不断地去调整、练习。

# 04 “卷王”也有烦恼

自我认知

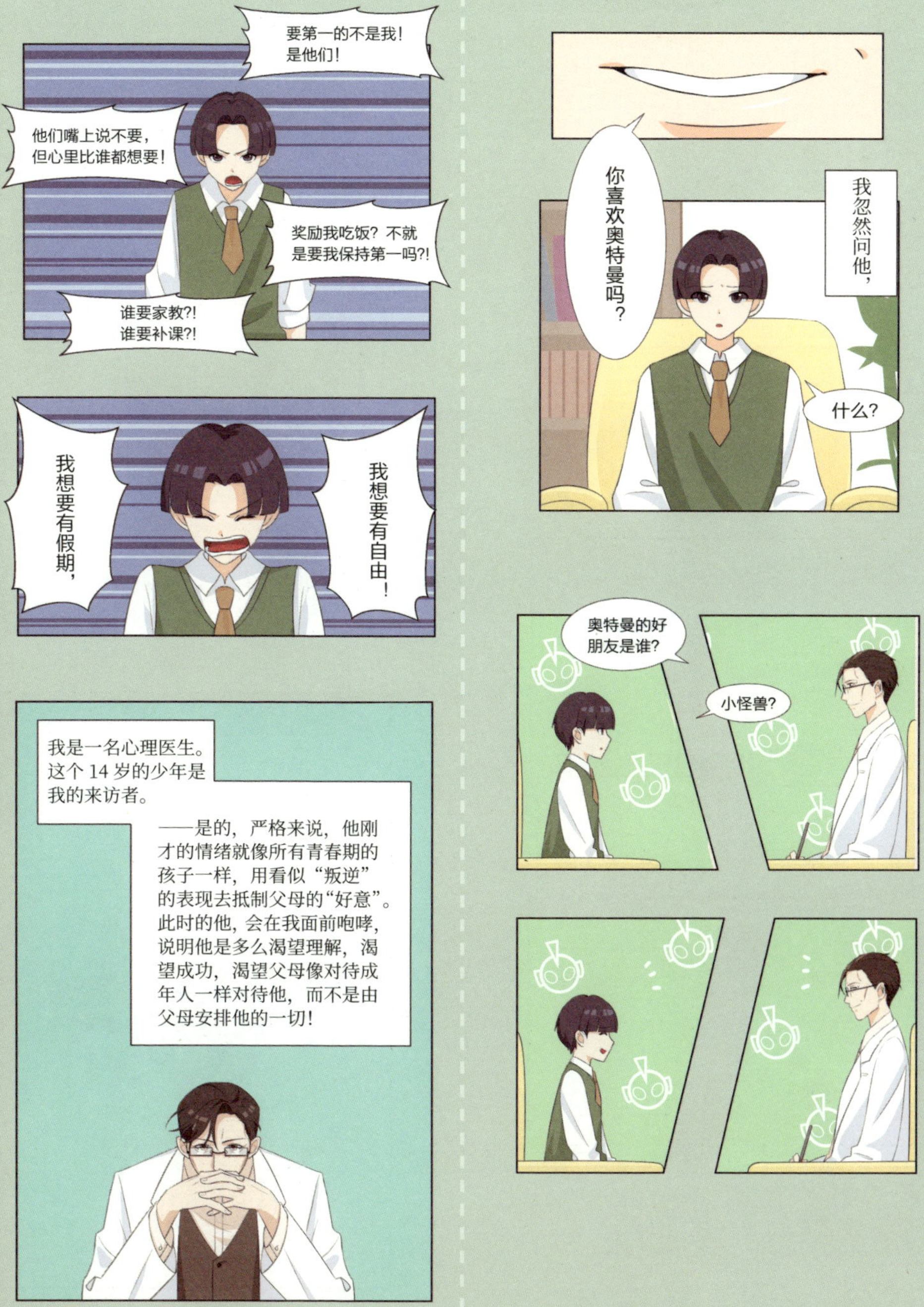

来，孩子，
今天我们就来讲个怪兽的故事。
我爸是李刚！
这个世界有很多小怪兽，比如你受人欺凌……
我叫“欺负人怪兽”。
为什么你错的地方和别人一模一样？
不是……我不知道……我是说……
哥们儿顶住！
我是“被误会怪兽”。
又比如，
你曾经遭受过不公平的待遇，最害怕吃药，爱生气、不高兴……
我不公平！
我不高兴！
我是苦药。
我不知道我是谁……反正是个事儿。

有些小怪兽很矮小，
你可以一脚踢翻它。
走你！
咻
啊——
呼
有的就很大……很大……
它一靠近，你
就动弹不得。
呼呼……
这些小怪兽
赶也赶不走、
躲也躲不开，
只要出现了，
就会一直在。
我走了——
我又来了！

闭上眼睛，
想象一下……

这是一个只属于你
自己的世界……
可以完全放松。

除了这些时
不时出现的
小怪兽。

怎么办啊?!
办!法!来!了!
我说，咱们玩个游戏吧?
怎么像个套儿?
我不赶你们走，我也赶不走你们。
你们进去歇会儿，咱们再玩儿。
懂，距离产生美。
奥特曼也需要休息。
我是个实心眼儿。
你说啥就是啥!

请吧,您呐!

小怪兽们暂时被关在屋子里,这下整个世界清静了……

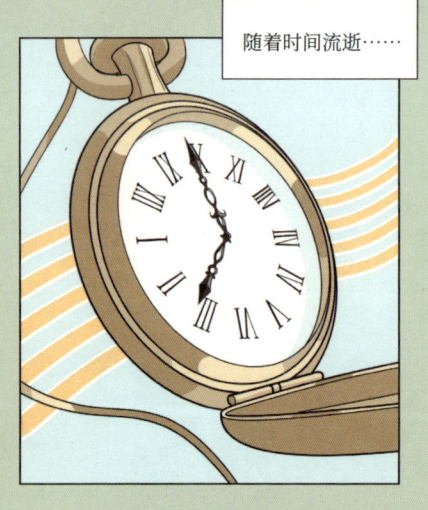

随着时间流逝……

当事情过去了,

不管多大的怪兽,再次出现的时候也变小了。

就像长大了以后开同学会，
你会发现曾经打小报告的男生其实也没那么讨厌。
哇！太想你了！
老师，他考试作弊！
老师，我能不能咬他！
而隔壁班那个梳着长辫子、大眼睛的姑娘当年浪费了你多少节语文课啊。
嗯？
哼！
如今却“面目全非”。
呵呵，不要靠过来，男女授受不亲……
来，让我们看看你现在心里的小怪兽有哪些？
爸爸觉得不够好怪兽
你这分数，明明还可以更好一点。

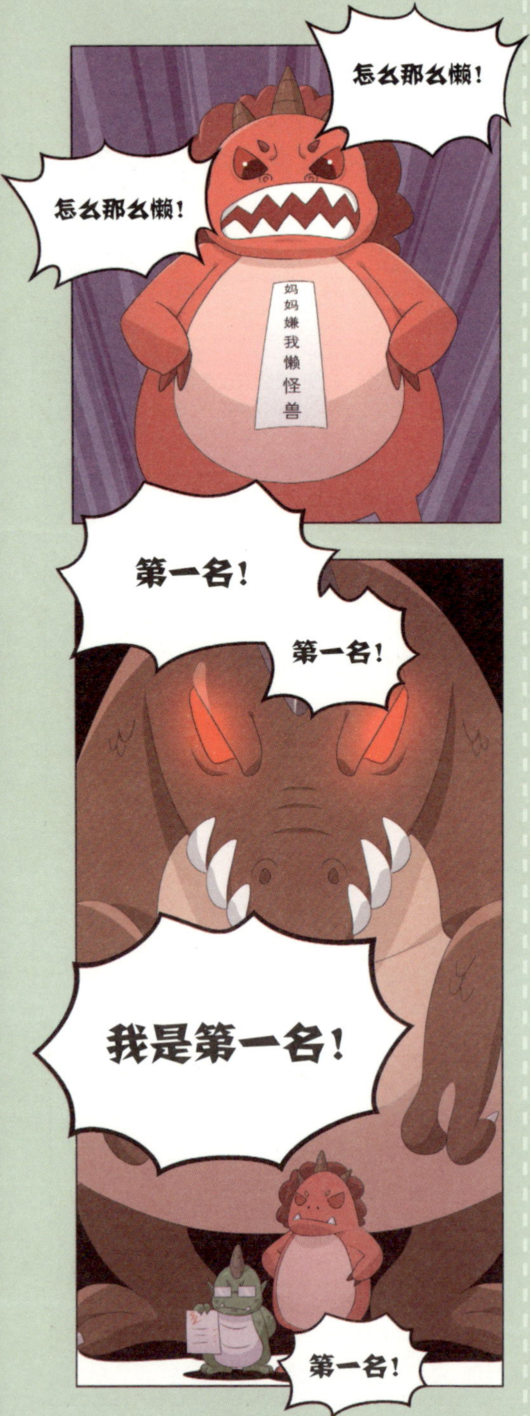
怎么那么懒！
怎么那么懒！
妈妈嫌我懒怪兽
第一名！
第一名！
我是第一名！
第一名！

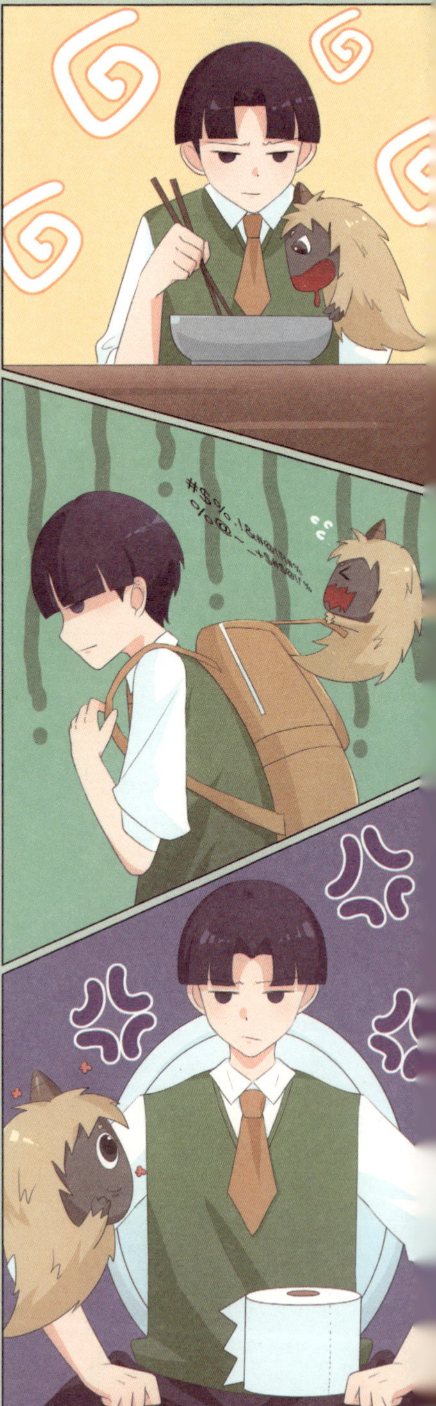

唯一的办法就是……

Follow me!

承认它们存在，然后搁置在一边，远远地看着它们。

上当了?!

可恶，我还怕你们不成！

**徐医生碎碎念**

这是一个大家都在说"卷"的时代，学生也不能例外，好像"卷"才是动力，"卷"就是理所应当，真的是这样吗？我想，看待任何现象都需要有个前提，在认可一个观点前需要对自己有较好的自我认知，这样才能把握好"卷"的力度，享受"卷"的快乐，否则"卷"的副作用可能会大于正向的作用。

学霸们可能想追上成绩更优异的同学，那样才能体会到成绩优秀带来的幸福感，但也容易给自己设置"幸福就是正向感觉"的陷阱，平时察觉不出来，当压力大了或者遇到挫折了，就会产生烦恼。我们真的可以通过控制自己的情绪，让不舒服的感觉消失吗？答案是否定的。

后现代主义心理学派中有一个名词：创造性无望。当我们越是尽力控制自己的情绪，就越会阻碍自己过上丰富多彩的生活。

漫画中用小怪兽来隐喻那些被我们体会到却又赶不走的各种烦恼，告诉我们：当自己意识到烦恼存在的时候，它们就很难被赶走。此时如果你不着急去赶走各种烦恼，而是学着和它们相处，它们就不会占用你的时间，浪费你的精力，你就有时间去做真正有价值的事。当你获得想追求的幸福时，再回头看看那些烦恼，它们要么已经微不足道，要么已经消失了。

# 05 “学渣”的自我救赎

自我成长

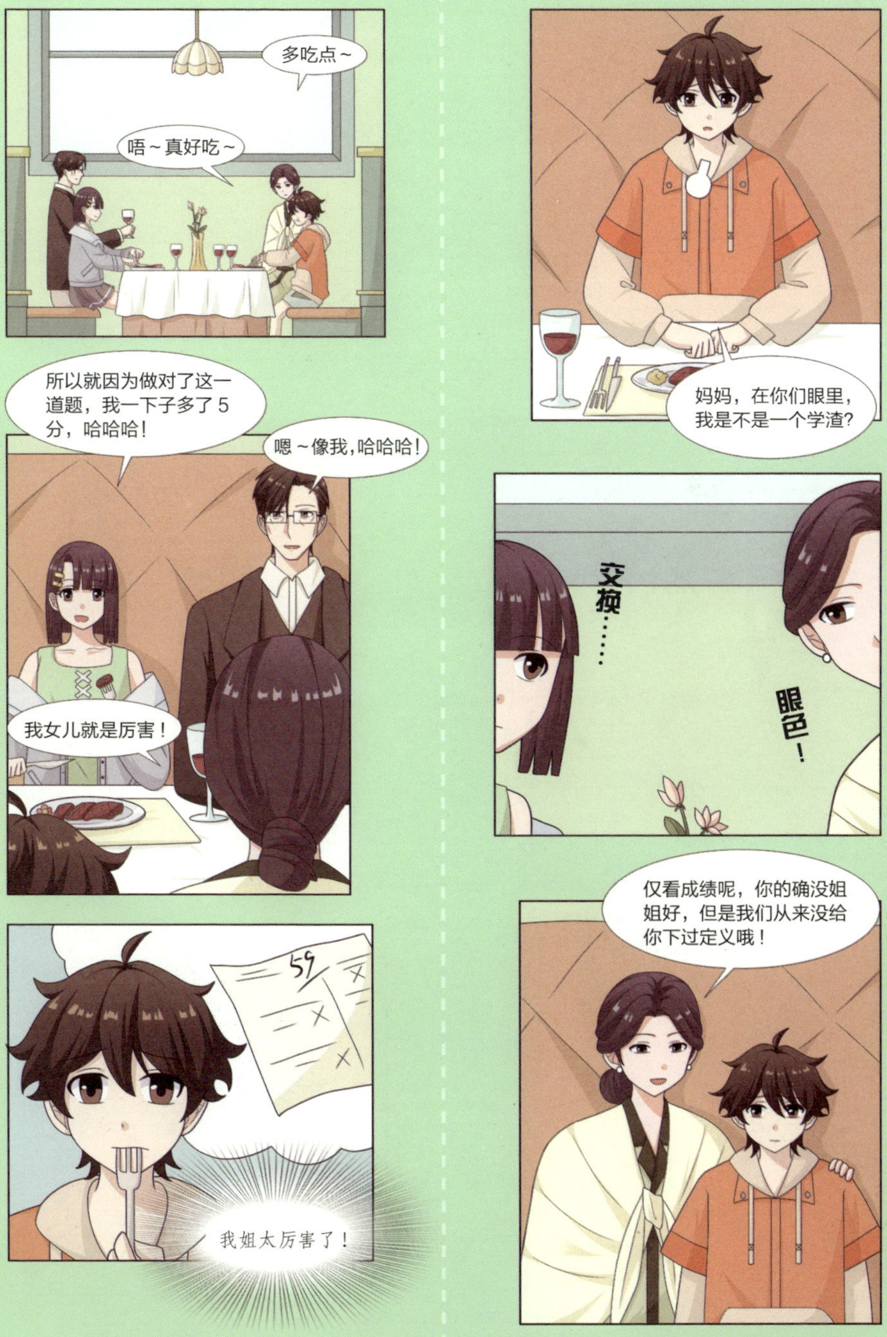

044

没有比较就没有伤害。我就是觉得姐姐好厉害，我自己最近也想努力啊，可是就没啥动力。

我知道有一样东西在我们大脑里，只要它在，我们就会能量满满。

那我估计就缺这个东西，估计姐姐的脑子里装满了它。

偷笑！

不许笑，快把你的法宝拿出来。

喏~你最喜欢的菲力牛排，好吃吗？

真有法宝?!

唔～太好吃了，妈妈真好！

我就是多巴胺！

我以前也没有，但是后来我想了好多办法，就把它给找来了。

你开心就对了，这个叫"多巴胺"的法宝你大脑里也有啊！

快教教我，怎么找？

可是我学习的时候没有啊，玩的时候、吃东西的时候，倒是挺多的。

你还记得我以前的桌子吗？爸爸说把学习场所搞温馨了，多巴胺就愿意来找我们了。

我发现每天晚上 7—9 点自己的学习状态特别好。
我知道这个时候好朋友多巴胺来了，就抓紧学习。
那我也这个时候去找。
你不一定和我的时间一样，你要去找找属于你自己的多巴胺时间。
在学校里找喜欢的老师提问、和同学讨论的时候，我能感受到多巴胺特别多。
其实你可以通过奖励自己或者降低预期来召唤多巴胺的。
怪不得！姐姐说的这些，我从来没关注过，所以好朋友多巴胺就不太愿意来我这里，我就做什么都没劲了。

总之一句话：好朋友多巴胺来了，要珍惜它，抓紧学习，其他时间就抓紧休息。
姐姐，你前几天把头发向上吊起来，也是为了找到好朋友多巴胺吗？
嘿嘿～我在学古人悬梁刺股，爸爸说过当人感觉到痛苦的时候，大脑也会分泌多巴胺的。
对，但是有个前提，是自发愿意去体会时才有，比如爸爸打你屁股的时候，多巴胺可不会来。
你看儿子最近那么想努力学习，倒是给点儿建议啊！
这可就问对人了，你听说过木桶理论吗？又叫作短板理论。

木桶盛水的多少，并不取决于桶壁上最长的木板，而恰恰取决于桶壁上最短的那块。

想要盛更多的水，只有拉长最短的木板才可以。

我不喜欢这个！

融入 出现

先从自己有优势的长板中找到自信和经验，让大脑中出现多巴胺。

有了多巴胺，才有信心和好的心情去补短板。

我喜欢这个！

信奉这个理论的孩子就会拼命去弥补自己做得不足的地方，觉得做得好的地方反倒不重要。

我觉得这个理论挺对的呀！

摇头！

懂了！你们就等着我逆袭吧！

这个世界上没有人不想成功，为什么有些人更容易成功？是因为他们发现了自己的优势并且在此基础上去努力。

非也，非也！这个理论不完美哦！

049

> 徐医生碎碎念

　　木桶效应最早是由美国管理学家彼得提出的，"木桶"就象征着人或事的各个方面，而短板就是其中的薄弱部分，所以盛水多少最关键的往往不是最长的那块板，而是最短的那一块。听起来好像很有道理，其实这套理论并不完美。

　　有个成语叫"取长补短"，这是一个很完美的状态，而更多的时候我们更愿意"扬长避短"——这个成语更符合大多数人的心境。生活中，我们把各项技能或者能力比喻成木桶的各块板，那就意味着，假如我们要补齐短板就需要花费大量的时间、精力去攻克一个自己并不感兴趣或者不擅长的领域，而这种努力的付出与收获的性价比是很低的，还会让人对原来优势的板块投入的时间和精力变少，导致优势板块也得不到更好的发展，所以我们的缺点和不足更像是自己选择后的产物。

　　如何解决这个问题？这需要我们更了解自己，其实很多时候我们甚至都不知道自己的长处在哪里，只知道自己不擅长什么。每个人都有优秀的一面，在被动的时候，发现、放大自己的优势，能获得更轻松与更多的成就感；当有余力和时间时，再补齐自己的劣势。我们大多数人就是普通人，普通人的长板不明显且出现得较晚，发现自己的长板带来的闪光点，会令人有饱满的自信，相信不那么完美的自己也有能力去补齐短板。

　　人应该具有逆向思考的能力。大多数人穷其一生都在弥补劣势，却不知从无能提升到平庸所付出的精力，远超过从优秀提升到卓越所付出的努力。唯有依靠优势，才能实现卓越。

# 第二章

# 社交

# 01 不完美才完美

完美个性

小瑾在外人眼里是个典型的"别人家的孩子"。

乖巧！

听话！

省心！

这孩子总是一副谨小慎微的样子，看了让人好心疼……

叹！

哎呀，能不能别提到我，别说我的事……

摊手！

我们都没给她什么压力，不知道她怎么会每天都活得那么累。

这孩子怎么了？

怎么感觉她压力特别大？

不能不管，还是要帮帮她。

有道理，找专业人士给她帮助吧。

几天之后
最近心情怎么样?
……还，还好吧!
捏!
我家这个孩子其实各方面都挺优秀的，和同学老师相处得都不错，成绩也是名列前茅……
拉!
妈妈，能不能别说我了……
哎呀，女儿!我们是表扬你啊，好了好了……不说了。

你们先别着急。让我试着和她沟通一下。
不说那些了。我们来尝试一些有意思的方式，好吗？
好的，我试试。
跟我来。
站起！
哗啦啦——
注意哦，我刚刚洗干净手，拿了一张新的纸巾，你觉得这张纸巾干净吗？

应该……应该干净的吧。

还好吧。不……不怎么干净了吧?!

嗯,很好。看着,现在我把它搓成一个纸团。

揉!

那你会用吗?

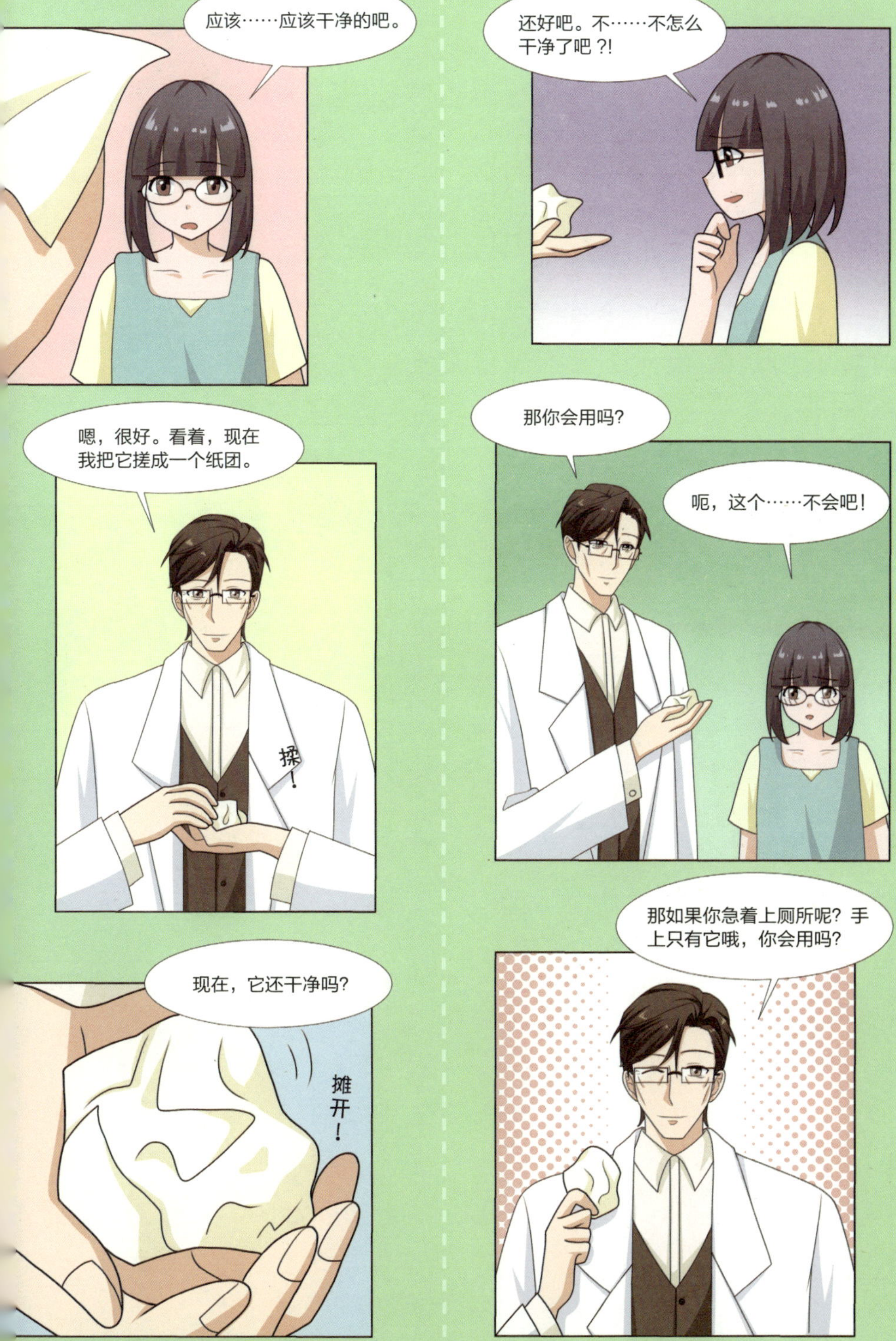

呃,这个……不会吧!

现在,它还干净吗?

摊开!

那如果你急着上厕所呢?手上只有它哦,你会用吗?

这……我应该不会用吧……但如果是我自己口袋里的，我可能会用。
为什么呢？难道是因为自己口袋里的没人知道？
可能是的。
放！
拿着，我打赌这个纸团在你手上拿不了多久，你要争取打破我这里的纪录哦！
就只是一直握在我手心里啊，这个不难啊。
我这里的最长纪录是24个小时，难不难？
我可以定3天的目标。
过高的要求和目标，总是让自己陷入紧张的困境。
认真考虑好哦！现在夏天了，洗澡、洗手、上厕所、睡觉……你都能一直握着吗？

那好像不行哦……
现在能反悔吗?
可以反悔，别紧张！
假设这个纸团代表你的成绩，代表你在外人中的印象，代表你是否成功，
保持时间越长，你越完美……
那我可要一直握着，绝对不松手。
别人认为的最好并不是你的必须，要考虑自身的特点和优势。
看来你已经有了保持的方案?
我就用胶带将纸团缠在手上，这样不怕水了，也不会担心被弄脏。想多久都可以。
笑！

如果水或者水蒸气进入了你的胶带里怎么办呢？
那完了，肯定泡化了。
给你个提示，如果不把纸团握在手里，放在桌子上或者放在口袋里呢？它消失了吗？
放！
这……它没有消失，它依然存在！
点头
你现在感觉怎么样？
看着它好好地放在桌上，我心里感到很舒服……徐医生，我好像明白了。
孩子，学会放下，你不用太完美，我们也爱你。
不要对自己有过高要求，学会接受不完美的自己。

> 徐医生碎碎念

在青少年阶段，大多数人和妈妈接触的时间多，自然而然地，在对外情绪表达和对内个体需求表达的方式上受妈妈的影响也往往更大。更准确地说，在12岁之前，生理需求和安全需求基本来源于妈妈，这个过程的满足感决定了我们一生的安全垫有多厚。而在我们过了12岁后，会不自觉地开始讨厌妈妈的唠叨，更喜欢和同伴交流；并不是说我们变糟糕了，而是此时我们需要找到自己在社会中的角色和位置了。如果在这个节点，我们愿意多一些接触爸爸的行为模式和信息交流方式，那么心理层面上的社交需求、被尊重需求、自我实现需求，甚至价值的满足，都会有不小的突破。

青少年这个阶段是最不需要被压抑情绪的年纪——个性上没有那么完美或成熟，的确会闹出不少笑话，做出不少蠢事，但这些事却值得用一生去回味。从病理心理的角度，被压抑的情绪不会消失，反而会创造出一种新的次生情绪。当我们压抑担心时，就会产生焦虑；当我们压抑委屈时，愤怒就会出现；当我们压抑悲伤时，抑郁就会出现。坏情绪永远不会因为压抑而消失，它会慢慢一点一点地累积起来，越堆越多。如果你不去正面接受自己的坏情绪，不去与它和解，最后它就会溜出来反映在身体的各个地方，最可怕的是复刻进我们的个性中，让我们变得僵化、敏感、小心翼翼。

那些洞察力强，自带同理心，善于发现社会和人际的规律，懂得照顾好自己的身体和情绪的"牛娃"，都是未来干大事的人。不知不觉中我们会发现世界是追着我们跑的！

## 02　宿舍生存指南　　　　　　　　寝室关系

紧张……

有人吗?

敲

进来!

紧张紧张……

开!

大家好!

好紧张、好紧张、好紧张……

Hello!

嗨!

你好!

我叫……

惊

哎呀!上课铃响了!

啊！要迟到了！
哎呀，我的鞋，我的鞋……快快快……
糟了糟了，完蛋了完蛋了。
还愣着干吗，铃声一响就要离开寝室，否则要扣分的！
5
终于周末了……
唉！住校好心累！
咔嗒！
姐姐回来啦！
乖女儿放假了！
哎呀，宝贝，想死妈妈了！

今天都是你爱吃的菜。
尝尝这个，你最爱吃的。
姐姐，这个给你。
……
怎么样？新学校有啥新见闻？
唉……学习倒是没啥，就是这个住校让我好担心啊……

住校有啥好担心的？我就挺想住校的，省得爸妈天天管着。
你知道啥呀，住寝室人会变得压抑。
放！
哟，具体什么事儿让你感到压抑，说给我们大家听听，帮你分析分析。
其实没什么特别的，但这毕竟是我人生第一次住寝室啊。
你担心的都是什么事情呢？
我担心的可太多了。

897，898，899，900……
哎呀，还是睡不着。
我担心到了陌生的环境，作息时间全乱了，晚上失眠。
我担心寝室没有学习氛围。
我担心室友不爱干净。
……
……
嘘……别让她听到。
我更担心她们会不会搞小团队孤立我……
天哪，你已经想得这么具体了，换我也会紧张的。
对啊，我真是越想越紧张。

不过我觉得，其实你焦虑的事，最终都不会成为现实。

啊？为啥？

只有8%才会发生？这么一听感觉好多了。但是那8%如果真发生了，也够头疼的。

不信你问爸爸啊，他专业。

来，作为过来人，妈妈分享一点建议给你。

心理学研究发现：让人焦虑担忧的事有40%是永远不会发生的，30%是出于过去做决定的印象，

12%是出于自卑感而对自己的错误评价，10%和健康有关，最后只有8%才是真的会发生的。

初高中不像大学。作息有明确的要求，准备好耳塞和眼罩，有备无患。

寝室肯定不是最佳学习地点，在寝室可以做一些不重要、不紧急的事。
寝室长，今天谁值日？
室友不爱干净，不要随便去指责人家，寝室有值班表，有寝室长。
我们在讨论寝室联谊表演什么？
你们在聊什么？有什么是我这个“VIP”不能听的？
我们排个舞吧，我有资料！
哎呀，太好了！
只要自己落落大方，主动参与活动，让大家看到你的亮点，同学们一定乐意和你交往。
妈妈的建议非常好，不愧是心理医生的太太。
寝室关系属于学生生涯中特别紧密的人际关系，
个人的性格、习惯、私人信息都会在别人面前袒露无遗。
徐医生有几个小贴士送给每一个焦虑的住校生：
学会心理暗示，不要太在意他人的想法，才不会被别人的情绪所左右。
室友之间要有边界感，不强迫别人做不喜欢的事。自己如果被强迫了，一定要表明态度。
不要去迎合别人、迷失自我，用自己的不舒服换别人的舒服，这样的关系肯定不长久。

> 徐医生碎碎念

　　第一次住校，第一次将自己的隐私袒露给非家人，第一次需要配合别人的习惯，可能对大多数初高中生来说，没什么大不了的。但是，100个人就有100种不同的性格，也就是说有同学会适应得比较慢。此时，相互尊重，不要随意打扰或侵犯他人的隐私，尊重彼此的个体差异和习惯，更不要嘲笑或歧视他人的不同，就是快速适应寝室关系的基础。

　　制定君子协定会让关系变得简单，就是要协商好一些基本的寝室规则和作息时间表，明确每个人的职责和权利。这样可以避免一些不必要的冲突和矛盾。

　　碰到问题，不急于下定论；积极沟通，寻求解决方案。积累不满和矛盾，只会让问题变得更加复杂和严重。如果自身有过不去的障碍，或者互相之间已经发生矛盾和冲突，可以相互协商或寻求第三方的帮助，积极寻求化解方法以解决问题。

　　寝室关系不是生活的全部，心有余力时可以互相帮助、关心和支持。例如，可以帮助室友解决问题、提供学习资料等，这些都是利人利己的行为。

　　我们都在向成人迈进，每个人都应该承担起自己的责任，寝室中的卫生和清洁工作合理分配好后就好好做。这个世界除了自己家里，真没人愿意和娇气、懒惰的人一起生活。

# 03 我不是垃圾桶

朋友关系

太过分了……怎么能这样……太过分了!

坐!

为啥说她像林黛玉……

你姐在给谁打电话,都快半个小时了。

他们都欺负我……太过分了……呜呜呜!

偷瞄!

你这个调皮鬼,小心被你姐听到了不高兴。

她那个像林黛玉一样的好朋友小芙。

哈哈~

她们都欺负她……太过分了！
出现！
惊！
看得出来，你都气得发抖了！
怎么了？别着急，跟妈妈说说。
揽住！
真的，我太生气了，看弟弟都觉得怪怪的……喂，你躲什么？
我，我没躲啊！
是我的好朋友小芙，今天又和我说她表姐、表妹联合欺负她的事，听得我太生气了。
怪不得爸爸说，坏情绪会传染，我好像还真被传染上了。

好像有人在说我，
需要帮忙吗？
哈~
来，专业人士来说说，
情绪为什么会传染？
有一个心理现象叫马纳姆效应，就
是人很容易受到周围信息的暗示，
并且会进行无意识的模仿行为。
伸！
哈~
坐！
刚才我故意打了一个哈欠，
家里就有人被我影响了。

而有人就没有被影响。
为什么我被影响了，而妈妈却没有？
有两个重要因素，一是亲密程度，二是共情能力。
请问这位先生，你是说我俩没你们父女关系亲密，还是我这人不会共情他人？
你是第三种：知道我是演的。
拒绝狗粮，远离爹娘。
你正经点，给孩子们科普一下。
好吧，给你们讲个案例要不要听。
推！
扶！

要的要的，最爱听故事了！
我有位来访者是个内向的姑娘……
善解人意，容易委屈自己，让别人开心。
我是一个内向的人。
× × × 同学，这次又是第一名。
啊，她真厉害！我要成为她的好朋友！
我终于成为她最好的朋友！
我跟你说……
哈哈哈！真的吗？
我太伤心了……
但是我好像也成了她最好的树洞……

为什么我也那么痛苦?
我受不了了……
终于我病了……
心理科
从这个案例来看，每个充当树洞的孩子，都是愿意倾听的人，所以才会有人向他们吐槽，但是没有受过专业训练的人，能承受的负面情绪是有限的。
好险啊，我就是那个被情绪影响的树洞。
是的，关系越亲密，越能体会对方的感受；共情能力越强，越容易被传染。
姐，如果你的朋友会因为你拒绝倾听而生气，她一定不是真正的朋友。

你弟弟说的对，朋友之间不用互相讨好，要懂得拒绝。
忙的时候不听，心情不好的时候不听，做作业的时候不听，有事的时候不听，想不听就不听……
点头！
我不想听的时候可以告诉她换个时间，这样倾听的主动权就在我自己手里了。
没有人天生就该为谁而活，也没有谁有义务总是成为谁宣泄的出口。要明白关系再好，也都有自己的生活方式和路径。
妈妈说得对！
拒绝当树洞，拒绝吃狗粮！

> 徐医生碎碎念

　　每个充当过树洞的孩子，都是共情能力强、耐心、善解人意的倾听者，所以才会有人来向我们吐槽，并且吐得理所当然且心安理得。不过作为心理医生，我希望大家都不要高估自己的承受能力，没有受过专业训练的人，能承受的负面情绪是有限的。即使是受过专业训练的心理咨询者，也要定期排解这些负能量，否则时间长了连自己都会抑郁。

　　永远不要担心自己的拒绝倾听会破坏与朋友的关系，朋友之间是平等的、独立的，不是互相讨好的关系。比如，"我"在专注做一件事、不能分心或者自己心情不好的时候，要懂得拒绝。这样，倾听的主动权就掌握在倾听者自己手上了。

　　朋友不是彼此的救世主，作为倾述者，他人不能替我做决定，也不能替我难过。每个人的家庭环境、生活环境都不同，感同身受是件非常难的事。每个人都有自己的生活方式和处世之道。好朋友之间，是可以互相成为倾听者和倾诉者的，决不过分依赖别人，却能彼此拯救；决不要求他人共情，却能互相分担忧愁；决不过度暴露自己的秘密，却能通过倾听和倾诉找到自我疗愈的办法，引导自己以最快的速度调整心态。

　　这个世界上让人糟心的事情太多了，觉得迷茫、痛苦、焦虑的时候……多去看书吧！书上有大把的倒霉蛋比自己迷茫、比自己痛苦、比自己焦虑一万倍！没有谁的生活是一马平川的，如果觉得自己陷入困境、无法自拔，感觉全世界都对不起自己的时候，多半是目前的认知还不足以了解全世界，而读书就是拓展认知、了解世界的最佳途径。

　　古希腊人说：人类最好的医生是空气、阳光和运动。来吧，让我们去阳光下呼吸和奔跑吧！你会发现树洞太小，而世界很大。

# 04 | 如果有人欺负我

校园关系

小美：12 岁
身高 1.5 米
体重 75 千克

一起、一起。

又喝……

这是我今天的来访者，一个 12 岁的女孩……和她的妈妈。

孩……

医生，你好！

我们是从市一医院消化科转过来的，本来是去看肥胖的，但是他们建议我们先来看心理科。

又说我胖……

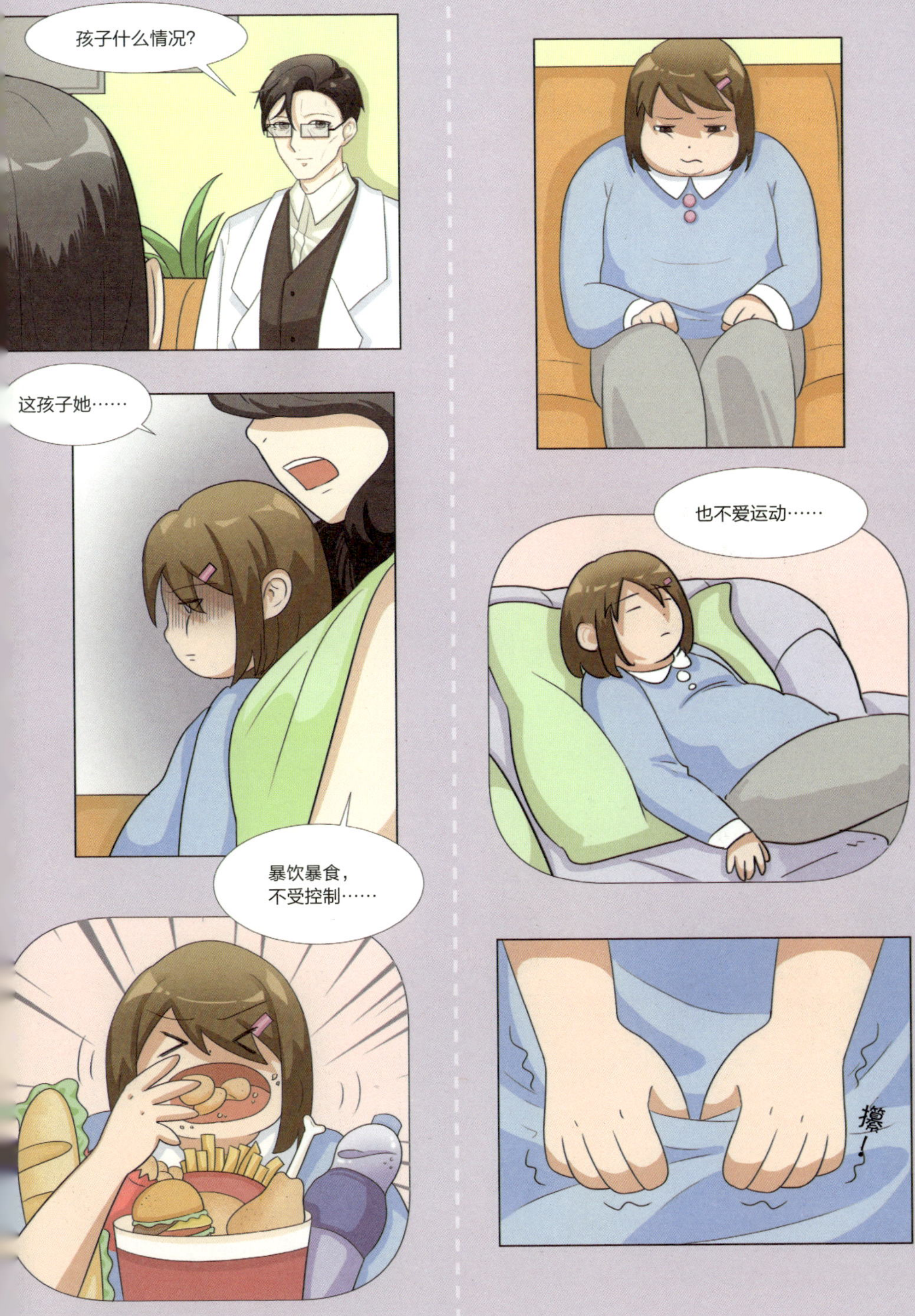
孩子什么情况?
这孩子她……
暴饮暴食，
不受控制……
也不爱运动……
攥!

老是吃到恶心、腹痛、消化不良。
前几天我还发现她吃完了就在抠嗓子、呕吐。
这样的情况多久了?
上了初中后。这么大个子的姑娘，吃得比我和她爸加起来的还多。
你能吃这么多呀?
不是……我妈一点都不懂我，我想和您单独聊聊。

唉，这孩子……
咔！
我本来就很胖。
捏！
你看……
别急哦！我们不去争论什么是真的什么是假的。
我们感兴趣的是什么是有用的，什么是有助于你的，或者什么能帮助你生活得更好。
当你的内心开始告诉你“我是个胖子”这样的想法的时候，你有什么感受？

我对自己感到很厌恶。
然后呢？
我很沮丧。
当你正处于沮丧或自我厌恶状态时，你会做什么呢？
我可能会一个人躲在操场边上吃面包。
然后更加觉得自己是个胖子？
是的，这就是事实。
我们能否在这里做点儿什么来让现状发生些改变？
好像不能。
别着急，来……
当下次你的内心开始跟你讲“我是个胖子”这件事情的时候，如果你突然获得了一项特殊技能，你希望是什么？
可以屏蔽同学喊我“胖子”的声音！

屏蔽声音?

难道她的暴饮暴食和校园不良关系有关?

嗯,这是一个很自然的想法。

很多人都有这样的想法,尤其是我们才刚认识,我并不能保证一定会对你有所帮助。但是我保证,我会绝对关注你的感受。

我注意到当你说这些的时候,你的身体在往下滑,几乎陷到椅子里了。我有种感觉——好像这些想法真的在把你往下拽,这一定很痛苦吧!

呃呃……

这样吧,我们做个游戏。

我拿一张白纸,等下帮你把你的一些想法写在这张白纸上,可以吗?

我太蠢了……我觉得你帮不了我,连老师都帮不了我。

当然可以啊!

谢谢!

081

当你的大脑正在责备你，使你深陷一些不太好的想法中时，
如果我能进入你的大脑偷听，那么我可以听到什么？
就是一些消极的想法，比如你丑死了，你个胖子，没人喜欢你……
好的，那让我把它们写下来。
胖，我真
我很胖，我真丑，没人喜欢我。
还有吗？
这还不够?!
不，够了。我只是好奇，你的大脑是否跟你讲了一些关于未来的真正黑暗或者恐怖的故事？想一想，最恐怖的事情是什么？
我根本没有未来。生活糟透了。
好的，你的头脑有点儿喜欢诅咒你，让我们记下来。
我根本没有未来……生活糟透了！

我很胖，我真丑，没人喜欢我 我根本没有未来……生活糟透了

来，你看，这些就是你的头脑在责备你时所说的话。

现在你被困在这些想法中，同时又要尽力跟我谈话，是什么感觉？

非常困难。

现在我请你用这张白纸做几件事情：

你能看清我的表情吗？你能看到我正在做什么吗？

我不能……

首先，我想请你像这样双手紧紧抓住这张白纸，举在自己的面前，这样你只能看到白纸上写的想法，而看不到我。

当你被困在这些想法里，你眼中的房间是什么样的？

对，就是这样。你举着白纸，贴近你的脸，几乎碰到自己的鼻子。

什么房间？

084

现在，可以把这张白纸放在你的膝盖上吗？请低头全神贯注地看着白纸。
请觉察当你深陷这些想法中时，你是如何与我以及与周围的世界失去联系的？
现在抬头看我，并看看你所在的这个房间。
现在请告诉我，你更喜欢哪种方式？是深陷于你的想法里；还是跳出来，在这个世界里与我交流？
我喜欢现在这样。
我也是。
所以下次请你和好朋友一起吃饭，而不是躲在操场上吃；
听到有人说你胖，你可以坦然环顾四周，去聆听更多赞美你的声音；穿上得体的衣服，欣赏自己。你觉得能做到吗？
我好像明白了，我试试。谢谢你，医生！

> 徐医生
> 碎碎念

很多动漫作品中都描述了和我们的这位来访者一样的情况——受到了校园不良人际关系的影响,有些事情甚至严重到霸凌的程度。

比如《声之形》的女主角西宫硝子,因为有听力障碍而经常遭到班上同学的孤立和欺负;《加速世界》中的男主角,因为肥胖而经常被班上的同学欺负;《三月的狮子》中的日向在校园里想要保护朋友不被同学霸凌,之后也成为被霸凌的对象,被欺负得很惨。日向的朋友因此产生了心理创伤最终只能退学,而她因为有家人的支持,逐渐明白了自己并非一个人在战斗,最终决定勇敢地去面对,重新开启自己的人生。

校园不良人际关系容易找上那些性格孤僻,与同龄人有显著差异,看上去很弱、无法自卫,或者脾气暴躁、容易冲动的学生;而这些学生又会因为这些原因变得更加胆怯、畏缩、自卑、孤僻、敏感、猜疑、警惕,继而变得抑郁、没安全感,甚至去讨好别人。这些都是我们要时刻引起警惕的不良情绪。

如果碰到这类情况,该如何处置呢?不能仅靠自己,要和父母、老师一起探讨对策,让自己主动改变,变得勇敢、积极起来。

# 05 | 养猫群里的怪知识

社会关系

好可爱啊！

没……没什么。

藏！

喵~

咦？

明明有伤疤啊！

姐姐，你的手怎么这样了？被猫抓伤了吗？

姐姐的手背上有疤痕。

087

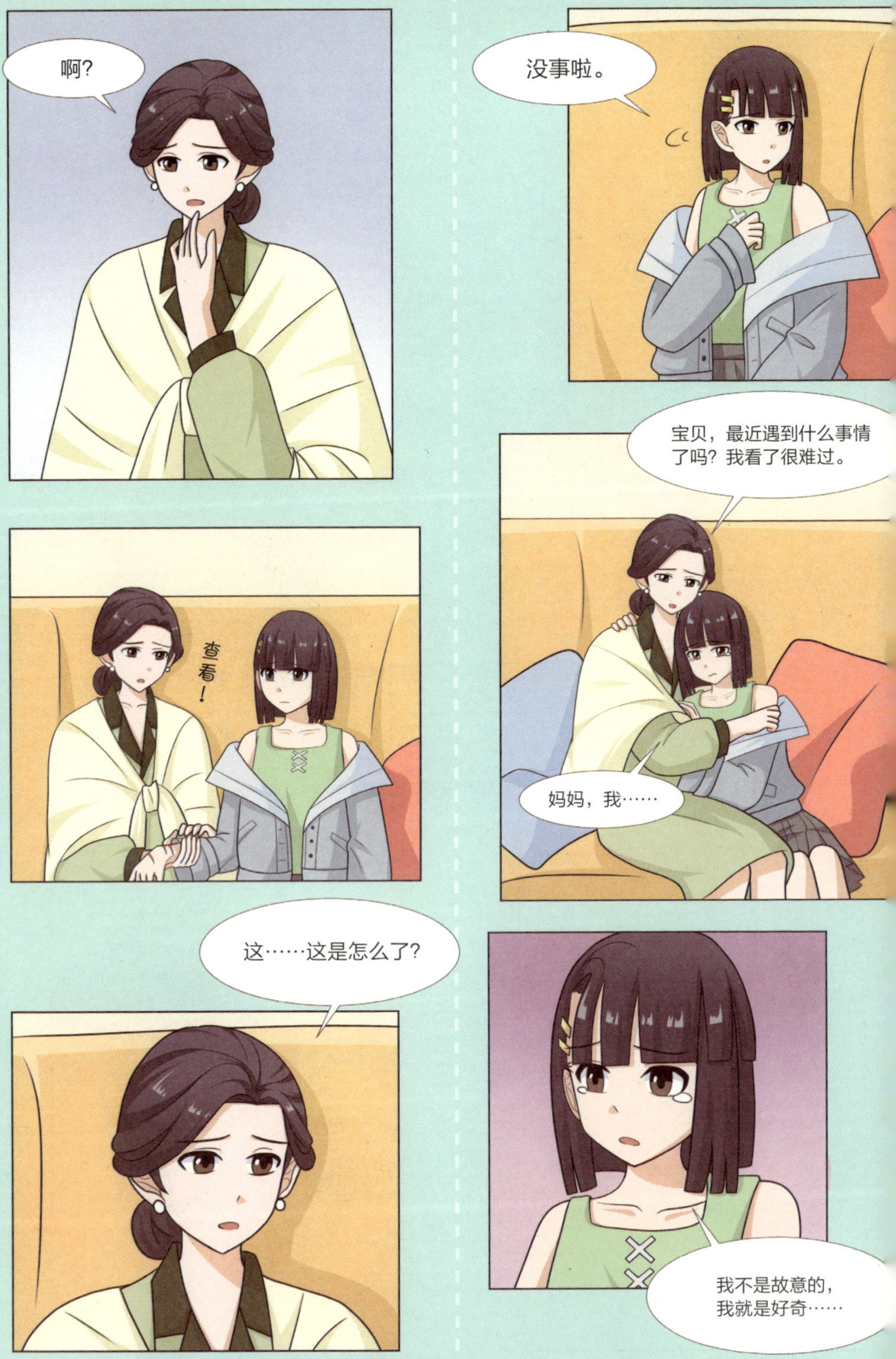
啊?
查看!
这……这是怎么了?
没事啦。
宝贝，最近遇到什么事情了吗？我看了很难过。
妈妈，我……
我不是故意的，
我就是好奇……

| | |
|---|---|
| 好奇什么？ | 就是前不久加的那个养猫群，里面的哥哥姐姐说的。 |

我就是听他们说，这样比撸猫更解压。我好奇就试试了。

最近女儿发生了什么？是我忽略了什么吗？

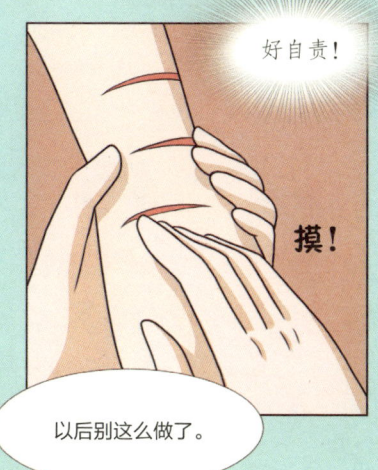

他们是谁？

好自责！

摸！

以后别这么做了。

妈妈，你别和爸爸说。
爸爸会帮助你的，
我们都爱你。
平时挺聪明的一个小
姑娘，怎么别人说什
么就做什么呢？
翻来覆去！
翻来覆去！
老公，你说孩子怎么会
做出这么傻的事？
其实青春期的孩子做出一些出格
的事，都是正常的阶段性现象。
不过，女儿这样的举动也把我惊
到了，是我们没有把好关。
没事，明天我们找她聊聊，
正好聊聊怎么交朋友。
第二天
我们开个家庭会议吧！

今天没有对错，就是聊一聊心里话。
你长大了，今天我们来讨论一个在社会关系中学习体验的话题，可以吗？
好的……
在养猫群里，你开心吗？
开心的，大家分享了养猫的经验。
喵喵之家(172)
群里禁止打广告，也不卖东西，只能探讨无敌可爱的小猫咪哦~""养猫人，养猫魂，养猫就是人上人！！！
大家一起云吸猫~
我家猫顺拐啊，兄弟们！哈哈哈哈哈！
我也没来几天，就混开了。
是啊，群主人超好！
喜欢每一只猫猫，更喜欢你们大家。
其实你很想融入他们，即便你们年龄不一样，对吗？

对的，我挺喜欢和同龄人或者年纪大一些的哥哥姐姐们聊天的。
融入同伴，我们很认同。你长大了，有权利选择自己的朋友。
只是很多时候，我其实没有什么归属感……
那是因为这个养猫群里年龄相差太大，你就会不太好找到归属感。
嗯嗯，他们都比我大，也会聊一些我看不懂的话题。
这样的社会关系你看看是否是必需的？
也不是必需的，但是我可以学到知识啊。
摇头
如果想知道养猫知识，我们可以和你一起订阅一些视频和博主频道，这样可以吗？

嗯。
点头！
我们不批评你，这点我们开头就说好的，但是你疼吗？
抚摸！
疼的。
为什么会划伤自己？除了疼还有其他体验吗？
我怕切到动脉所以划这里……心里非常慌。
刚开始看到血流出来真还有点解压。

后来伤口结疤，怕你们看到，反而压力更大了。
嗯，这件事我们就过去了，不说了。
你最近有什么压力大的地方吗？
最近作业多起来了，没时间练琴了，你老说我偷懒。
练琴是你自己的事，如果我的干涉不恰当，你可以告诉我的呀。
但、但我又觉得你说得对，练琴的事也不能落下，所以没敢说。

# 新社交关键词

说出来就好了，以后你可以自主独立地决定自己的时间，也要大大方方地表达情绪。

★融入同伴。
（合适的，自己有位置、有归属感的那种。）

★承担风险并获取新体验。
（允许犯傻几回，但不能一直犯傻，或者触犯法律道德。）

★学习使用情绪。
（希望对方不要说话，可以做个"停止"的手势，更快更有效。）

★实现自我认同。
（不自卑、不否定自己，认可自己。）

★获得自主独立。
（和父母一起营造适合个人发展的社会关系的环境。）

以后我们尽量不要评价对方，好不好？

嗯。

一定！

如果新社交要承担高风险，那么要学会说"不"。

**徐医生碎碎念**

你现在是不是不太喜欢依赖妈妈了？你现在是不是更希望得到同龄人的认可？进入初中这个年龄段后，我们会变得不一样了，因为我们已经站在少年和成人之间的那个门槛儿上了。

在心理发展过程中，2—5岁和12—15岁是两个特殊的发育时期——以逆反为主要特点形成的两个成长过程中最有意义的反抗期。第一反抗期出现的时候，小小的宝宝会说："不要不要！不行不行！不吃不吃……"而初中阶段的我们正在迈入青春期的大门，逐渐进入了所谓的第二反抗期，亦被称为"心理断乳期"。这个时候最重要的人际关系不是父母，而是同伴，所以这个时候父母要学会退后一步，不要用权威去压制孩子。我们也要表现得平和一些，不那么咄咄逼人，这样的家庭关系谁都舒服。

其实我们心里也知道身边的同伴也不成熟，但肯定有比自己更成熟的，同时我们发现社会的吸引力变得越来越大，丰富多彩的世界充满着各种诱惑和冲击，让人眼花缭乱。同时没人像父母那样质疑我们不够自觉、无法控制自己，没人逼我们必须按照他们的意思做事，反而会开放地欣赏我们，此刻换谁都会觉得这才是我们真正想要的，这才是舒服的。没错，这些对社会关系的渴望、寻求认可的感觉不是负面的，反倒是强有力地证明我们在成长。

如何处理好社会关系的边界和底线，如何循序渐进地认识自身的需求，我们还有很多课要上——我们也要有能力面对自己的内心的成长。

# 06 为什么我总是静不下来

多动症

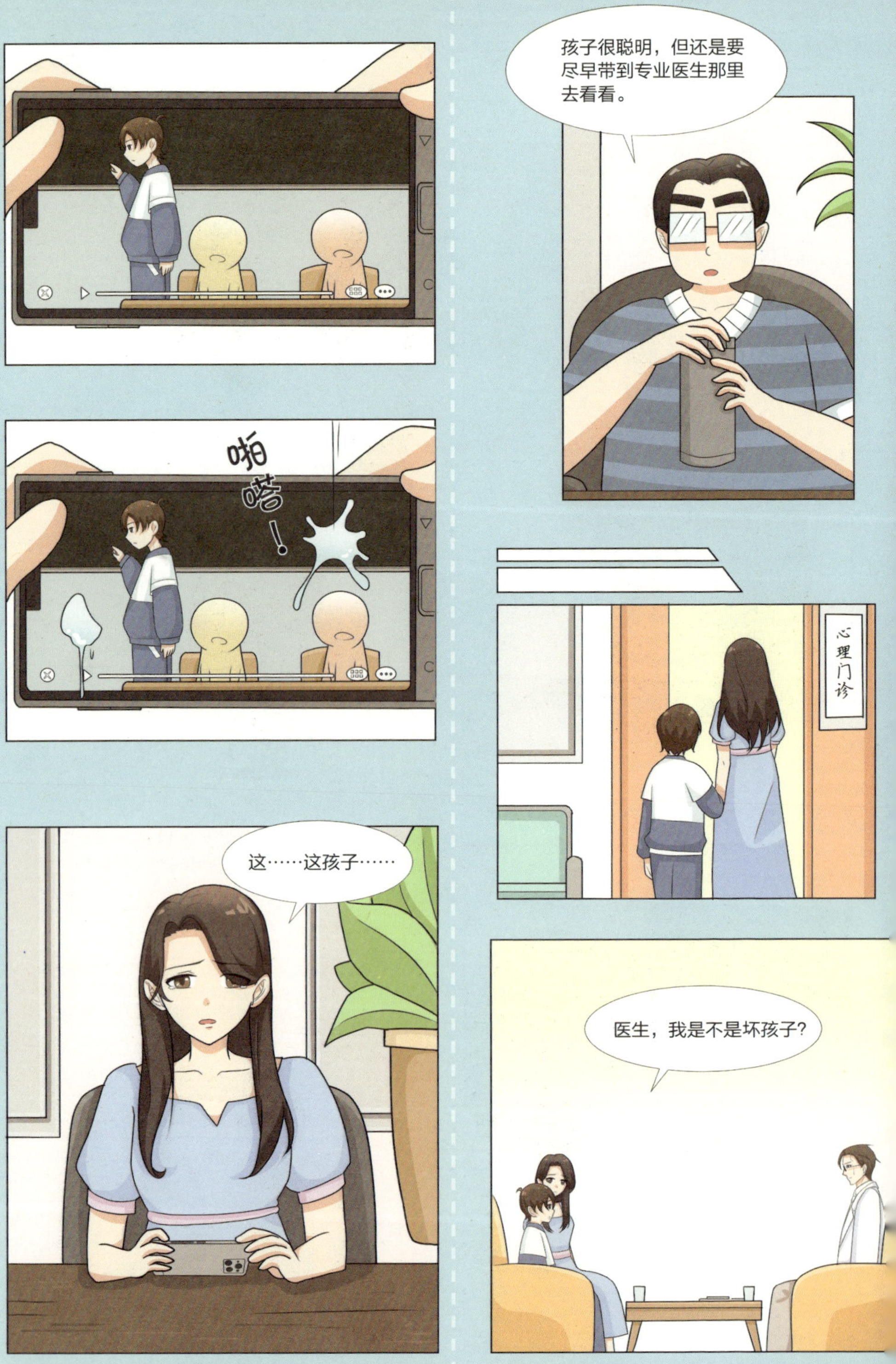
啪嗒！
这……这孩子……
孩子很聪明，但还是要尽早带到专业医生那里去看看。
心理门诊
医生，我是不是坏孩子?

什么样的算坏孩子啊?

大概就像我这样的吧!

除了坐不住,还有什么其他现象呢?

幼儿园

老师!他插队。

不可以不可以!

不要不要。

考试的时候不能发出声音!

2+2=4,
3+5……

嘻嘻……傻子。

一年级

二年级
哎呀，作业又忘了带。
总是静不下来，还老惹妈妈生气……
三年级
信不信我揍你！
别打别打！
走吧！咱们不跟他玩儿了。
是我没教好……
我也想安安静静坐着，但总是做不到。
也不一定，让孩子先去做个专业的检查吧！

《注意力测试》、
《感统测试》、
《家庭教养方式》
3 天后，检查结果出来了。
注意缺陷与多动障碍
你知道你这样的情况和谁小时候一样吗?
谁啊?
爱因斯坦、
乔丹、
菲尔普斯、莫扎特……

科学家
NBA 巨星
游泳冠军
音乐家
我们小时候都这样……
为什么会出现这样的情况?
我们的大脑的发育程度各不相同，有的早一点，有的晚一点。
他们小时候都这样，所以你没必要给自己贴上坏孩子的标签。
你走你的，我慢慢来。
哥们儿，我先走了。
好嘞，前面等你啊！

大脑传递信息的“传令兵”数量多了或者少了，就会出问题。
没有完全发育好的大脑就会让孩子分心，不受控制。
哎呀，别挤了，这样大家都过不去！
信息
信息
信息
信息
信息
信息
那怎么办呢？
哥们儿，咱人手太多了，货送不过去啊。
适当的治
适当的治疗，耐心地等待。

还有其他方法吗?

给多动症的孩子一点时间,

等他们长大。

增加各种运动。

> 徐医生
> 碎碎念

小时候可能没什么感觉，到了小学三四年级，有些同学会越来越困惑：为什么和别的同学相比，自己的注意力难以集中、多动、容易冲动？直到被带去医院检查，医生告知患有多动症。其实让你接受这个事实并不是件容易的事——也许你知道没那么可怕，有很多名人小时候和你一样，但依然需要学习如何应对。因为你也希望得到肯定，希望变得优秀，希望得到同学的认可，希望摆脱现在被动的状况。

为什么会这样？可能你的敏感性和反应性更强，让你对某些声音、气味等刺激特别敏感，导致你容易分心，难以集中精力完成一项任务。

父母希望你们学会尽量避免被过多干扰，但你们需要更清晰的指示和足够的时间来完成任务。

如果医生建议服药，要相信药物治疗的重要性，它可以显著改善症状并提高你的学习状态、生活质量，相信你会认真执行。不过也不能把药物当作万能的，需要再配合行为疗法、教育干预和家庭支持。相信未来的你也会像那些名人一样，在某一个领域成就一番事业。

第三章

情感

# 01 "青春"碰"更年",火星撞地球

亲子关系

不许去!

我就要去……

我说不许就不许……

砰!

为什么?!爸爸都同意了!

我说不许就不许!

你看看你女儿!又摔门!动不动就摔门!

还用看吗？一百里外都听到声音了。
指！
你知道你女儿要干吗吗？
干吗？离家出走还是杀人放火？
拉！
她居然要去上海看 EXO 的演唱会啊！我不同意还摔门！
坐下！
那你为什么不同意呢？
这种是音乐吗？
一帮痞子扭来扭去都是垃圾！

我只是想开拓我的音乐视野。
开！
女儿和我说过，她想把这场演唱会作为自己的成年礼。
砰！
摊手！
你看，她只是想开拓音乐视野……
你难道没意识到危险吗？搞什么？！而且门票要好几千块钱，你掏钱给她？！
压低音量
演唱会在上海！她一个小姑娘要自己去上海！而且你同意了？！
砰！
发抖！

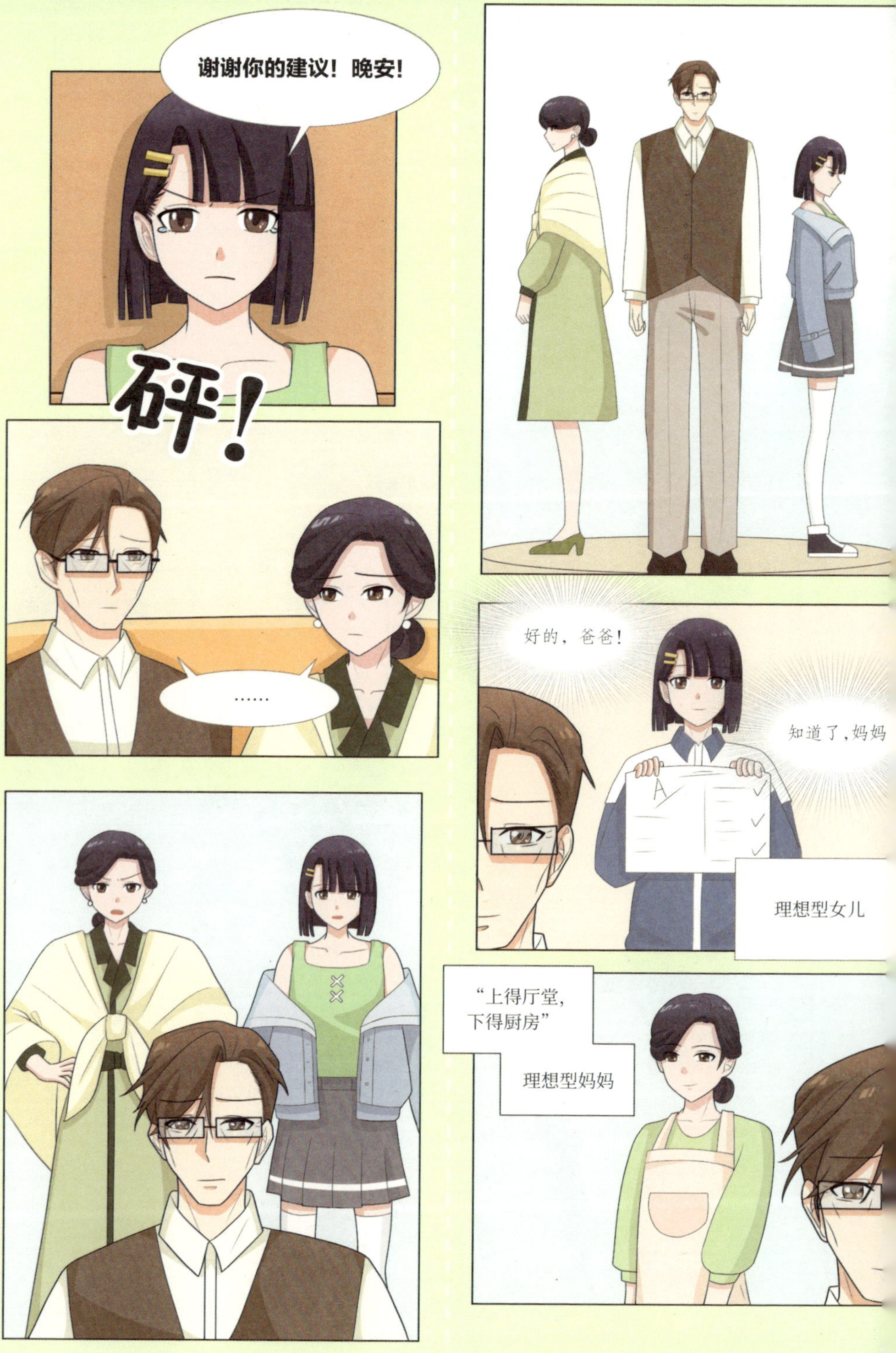
谢谢你的建议！晚安！
砰！
……
好的，爸爸！
知道了，妈妈
理想型女儿
“上得厅堂，
下得厨房”
理想型妈妈

捧！
怎么啦？路上发生什么了？有没有受伤？
我只晚到 10 分钟啊，我今天值日而已……
你好，我女儿的情况是这样的……
妈妈……我自己可以。
对……每周两次上门补习。
妈妈爱你！
我也爱，但是……
当孩子渴望独立自我的时候，你是否会打着“爱与保护”的名义，对孩子进行毫无边界的控制与侵入呢？

不想再做完美小孩，不必承担别人的期望——哪怕只是短暂的逃离。

妈妈的回忆

你怎么能这么骗妈妈？！

不要和他们出去玩，女孩子家家的，多危险。

妈妈，我前几天看到你接外婆的电话——

整个人都缩成一团，不敢大声讲话。我好像看到了我自己，那一刻，我决定完成我的成人礼。

就考这几分，你对得起我吗？

不准！
不行！
不许去！
不可以！
妈妈我会努力的，但是今天请让我做自己！
不经意间我竟然长成了自己曾经最讨厌的模样。
手机要一直有电，注意安全，保持联系，玩得开心。
妈妈，我很爱你，但是我太厌倦追求完美了，我害怕永远都达不到你的要求。
女儿，我也爱你。
父母要疗愈自己，即使很难，也要守好边界，给孩子健康而有边界的爱。
只要不把那些情绪垃圾倾倒给孩子，和孩子能同频对话，每个孩子都可以变得积极、阳光。

> 徐医生碎碎念

人们都说：当青春期碰到更年期，就是火星撞地球！事实上，大家说的都是从自己的角度考虑的觉得正确的话，但为什么很多时候互相听不懂呢？

不要轻言放弃沟通，大家面临的挑战和压力不同。家庭成员之间要相互尊重彼此的感受和需求，做真实的自己，而不是"好"的自己，就能避免过度批评或指责彼此。

努力建立属于自己家庭的个性化的良好沟通方式，谁都有情绪波动的时候。多听少说，说话也不要带评价；大方表达自己的想法和感受，是不伤人的，千万避免情绪化的攻击语言。

"火星"和"地球"也可以有共同的目标和计划，例如旅游、运动、看电影等，在共同点上多增进彼此之间的了解和感情。同时，也可以共同制定一些规则和制度，明确家庭成员的职责和权利。

家人之间更要客气些，别把最丑陋的一面全展现给家人。关注彼此的身心健康——人人都有荷尔蒙变化，也会失眠、焦虑等，就像漫画里的妈妈，其实她在青春期曾经被外婆打压过，她可能曾经千万次在心里告诉自己，不要成为外婆那样的人，现在她却成了自己最讨厌的样子。正在阅读的你们，有余力也可以尝试帮助"妈妈"修补这段经历。记住，我们不是在帮她，而是在帮我们自己。

## 02 | 真正的爱，是让我们成为最好的自己　　恋爱话题

姐姐破天荒只拿了80分！极大拉近了我们之间的距离！
开！
我进来了？
噼里啪啦！
噼里啪啦！
放！
啊！妈妈，你们都吃完了？
你到底在忙些什么？
以后你就知道了。

坐！
能透露一点吗？
我没时间解释，必须在 1 个月之内完成，不然的话……
噼里啪啦！
连我都不能说啊？
开！
这本书很实用，给你作参考。多学点东西是好事啊，爸妈支持你！
对，姐姐继续！争取早日让我们之间的成绩没有差距！
冒出！
呃……
我会努力的……
盖上！
戳！
走开，臭小子！你姐的成绩不用你担心，先吃饭！

最近太忙了，成绩我会注意的。
上次学的 Java 还挺有用的嘛！
最近这个全国编程大赛，我们班居然只有我学过 Java。
真的啊？只有你会？
然后你知道谁邀请我组队吗？
谁啊？
就是我和你说的那个同学们心中的数学王子，永远拿第一的那个学霸！
数学王子
真的有情况啊？!

就是那个又帅又高
成绩又好的男生？
你是不是……
凑近！
对对对！
哦，不不不……
摇头！
我初中的时候也喜欢过我们班体育最好的男生，不过他不喜欢我。你的那个学霸同学呢？
你女儿多优秀，他怎么会不喜欢我？
哎呀，妈妈……
不许告诉别人。
绝对保密！

你不会像别的妈妈那样反对吗?
那要看你们怎么做了。
你还记得我和你说过的吗?爱应该是双方扶持对方，共同完成自己的目标……
……而不是感官的刺激、肤浅的物质和纸醉金迷的生活。
对，这么有哲理的话，你妈我一共没说过几句，你可得都记住了。
我记得可清楚了。对了，我再告诉你一个秘密，这个可千万不能说出去!
揽住!
还有啥?
他还问我以后愿不愿意嫁给他。

这……这都谈婚论嫁了?!
那你怎么回答的?
我当时有点被吓到了，不过还是有点高兴的。
现在的男孩子都这么大胆了吗?
妈妈，我们不一样!
加油！我们一起努力考到最好的大学，一起看遍全世界！
嗯，我们第一步的目标就是完成这个比赛。
好，这个月大胆尝试，比赛结束就回到学习中来，这样将来才能一起去最好的学校。
拍!

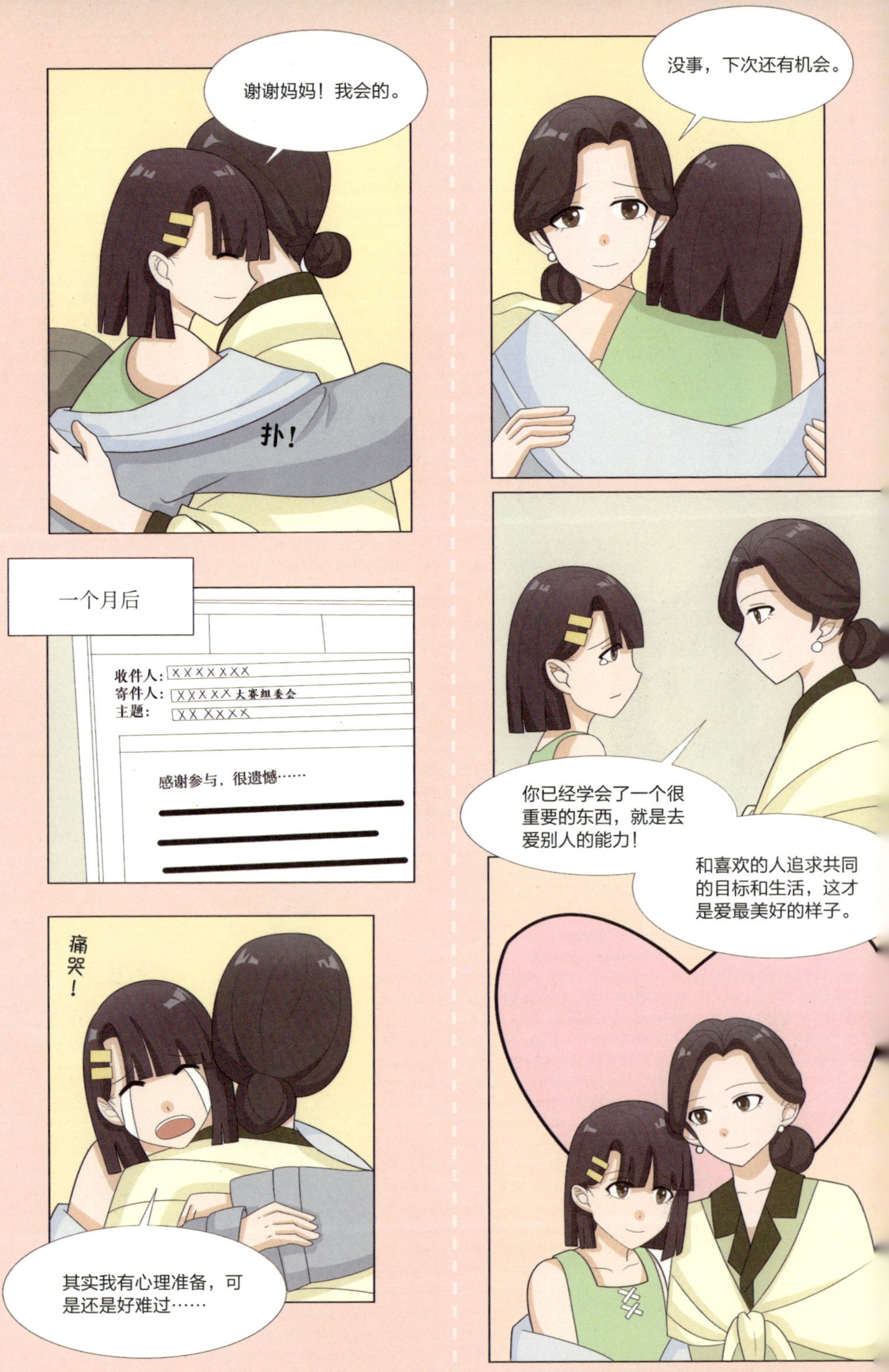
谢谢妈妈！我会的。
扑！
一个月后
收件人：XXXXXXX
寄件人：XXXXX大赛组委会
主题：XX XXXX
感谢参与，很遗憾……
痛哭！
其实我有心理准备，可是还是好难过……
没事，下次还有机会。
你已经学会了一个很重要的东西，就是去爱别人的能力！
和喜欢的人追求共同的目标和生活，这才是爱最美好的样子。

> 徐医生碎碎念

爱是什么？应该爱谁？如何去爱？爱是人类永恒的主题。但是如果给这个主题一个时间点，你愿意它出现在什么时候？是年少懵懂的时候，还是白发垂暮的时候？徐医生的态度是更憧憬年少那段美好的爱的经历。

恋爱是一种天生的能力，心中有爱才会去爱别人。我们经常看到，大人们很反感孩子谈论恋爱，固执地认为"小孩子懂什么爱"，不是一棍子打死就是苦口婆心地劝阻……事实是，人的一生都需要爱，只是表现形式不同。大人应该允许孩子们拥有懵懂恋爱的权利！

但是，孩子，因为我们爱你，所以想告诉你，爱的方式很重要，爱是有边界的。爱情不是吃喝玩乐，不是你所想的"泡酒吧酷酷的、抽烟拽拽的"，不是天天腻在一起，不是为对方文身、打耳洞或是奋不顾身；而是心里想着对方，大家互相爱着还能共同成长。我爱对方什么？是他（她）的盛世美颜还是他（她）的侠胆柔情；是和他（她）在一起时那个格外优秀的自己，还是仅仅就是短暂地和他（她）在一起打发一下时间？

有句俗语说得好：好的爱情，是你通过一个人看到整个世界；而坏的爱情，是你为一个人舍弃全世界。

所以，孩子们，如果爱情真的来了，问问自己：我们准备好了吗？

# 03 | 我也有脆弱的一面

**社交技巧**

进来吧！

是我妈让我来的。

……
……

妈妈让你来的？那你的想法呢？

我只想和您一个人说。

今天有什么事情要找我呢？

当然可以。

医生，我觉得自己很痛苦！
是什么让你感觉痛苦呢?
我不知道怎么和大家相处……算是不太能玩到一块儿吧！
大家……是指?
老师和同学，我觉得他们不喜欢我——当然我也不喜欢他们。
我讨厌同学,没人和我说话。
我讨厌老师，他总是针对我。

我和父母吵架,他们都不理解我。

有些人在来之前,曾经尝试很多种方法来让自己好受点儿,你有试过找一些摆脱痛苦的方法吗?

学校让我恐惧,我只能申请休学。

坦白讲,我真的什么都想不起来。

没事,我来帮你想,比如你用什么方式来转移注意力?

我听着都感到挺痛苦的!

我看电视、听音乐、读书。
有没有更消极的做法?
没日没夜地睡觉和打游戏……但是没用。
别不好意思！你已经为摆脱痛苦花费了大量时间和精力，你已经很努力了。
没人这么说过。他们只会批评我，不会理解我。
但是这些策略有用吗?
其实……没什么用。
是的，不然你也不会来这里了。来，我们做个小游戏。
痛苦

来，这个玩意儿名字叫痛苦，就是它让你不舒服的。现在你试着把你的双手放在上面，用力把它推开。
站！
痛苦
放！
就这样，持续用力推——你痛恨这个东西，你极力想把它赶走。
推——
来，加油，用力！
你非常努力地推开痛苦的时候，它被你推开了吗？
你现在感觉怎么样？
好累啊！
你不累吗
我们的这个游戏只做了一两分钟，但是你在生活中已这么做了很多年。你不累吗？

当然不是。我们来做个新的练习。

拿!

痛苦

我太累了,怎么摆脱啊?

这就是你一直在做的事情:你想尽力摆脱这些想法和感觉,但是,它们依然在影响你的生活。

练习一:删除记忆。

想一下你今天做过的事情,然后全部忘记它。

痛苦

指!

你是说我只能忍受吗?

想象你的腿麻木了,一点感觉都没有,即使锯掉都没感觉。

练习二:想象锯掉你的"腿"。

我说啥你就别想啥：冰淇淋，知道吗？对，别想它。别想你最爱吃的口味，爱吃巧克力味还是草莓味？别想它。

控制，摆脱不了任何脆弱无助。

练习三：什么都别想。

嗯，我不想再徒劳了。

痛苦    摸！

不行，徐医生，你说的我一样都做不到。

想那么多也没用，我这么年轻，做就对了。徐医生，谢谢你。我懂了。

我就是想要让你知道，越是想控制情绪，就越会感觉到疲惫。

与其不停挣扎、抗拒情绪，还不如多做点实实在在能改变自己生活的事，充实自我。

**徐医生碎碎念**

　　经常会有处于脆弱无助状态的孩子，来和我说自己的各种不开心，我很愿意认真听。脆弱不等于无病呻吟，如果我们真的每天都不开心，那么我们一定要重视它。要知道这种无助感并不是短时间内形成的，除了一些个性遗传因素外，在我们的成长过程中遇到的事情也会造成情绪创伤：遇到不支持、没回应、无共情的时候，不断反复失去好的体验就会造成我们心理上的脆弱无助，摧毁对他人和自我的信任。比如不相信自己能做好，不信任别人愿意支持理解自己，也不认为自己值得被好好对待……

　　拥抱一下不开心的自己，找个信任的人倾诉自己的不开心。任何情绪都是被允许存在的，我们有权利伤心，我们有权利哭泣，我们有权利痛苦、疲惫、失神崩溃。请不要试图去控制情绪，当情绪来的时候，试着感受它、接纳它，不对抗、不排斥，全然地去迎接，能扛住风雨的内心才能真正得到平静。

　　漫画里的几个方法，可以试试哦！用自己的敏感去体会花草的清香、空气的流动和运动的节律，把注意力转移到自己身上，真正学会爱自己，让自己成为最好的自己，也让别人成为无所谓的别人——就算受再大的委屈，你自己都能成为自己坚强的后盾。

# 04 受伤其实是为了保护自己

抑郁、自伤状态

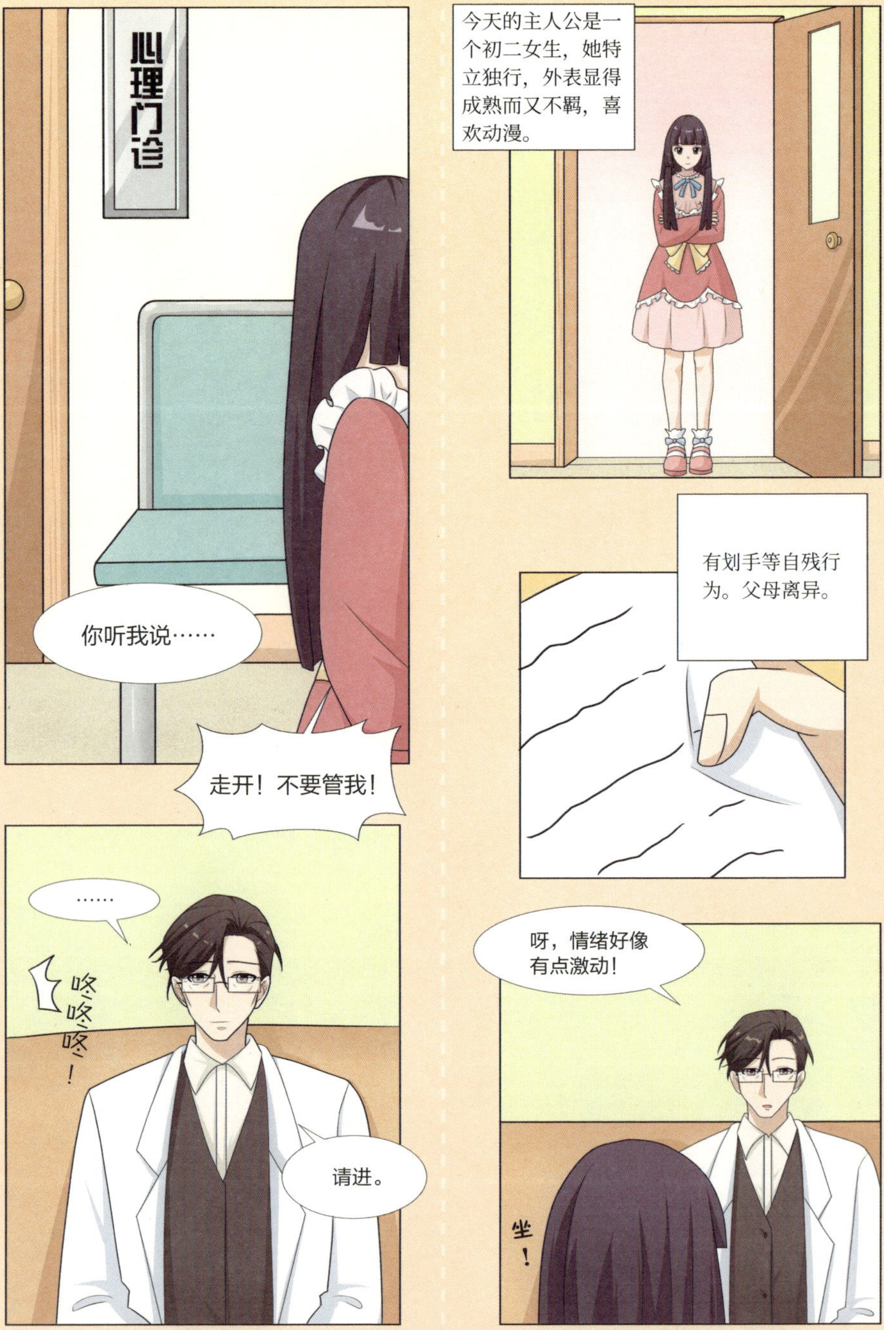

心理医生都那么厉害的吗？我不说话你都能感受到我的情绪？
起身！
因为我听见你和你爸爸在门口吵架了。
叭！
每次都这样，说好了陪我，又突然说有事，谁在乎？!让他走吧！
来，你看~

看
你爸爸没有走，他很关心你~
我知道爸爸很爱我，也知道自己很“作”，但是就是控制不了……
你是害怕被抛弃吗?
递!
自从我妈离开后，我就特别害怕身边的人消失。
这种被抛弃的创伤让你感到极度不安全。

我觉得身边所有人都会离开我，心里特别害怕。
你们终究都会走的，我好孤独。
这个给你吧。
我对身边的每一个人都特别好，生怕他们离开我。
我有好几个了……
她竟然拒绝我！
这题怎么做……
我来教你。
我还是不明白，算了，我去问老师。
以后不要再来问我了。
……真的吗？哈哈哈！
你们在聊什么好笑的事儿？

嘻嘻！没什么，这事儿你不知道。
她们一定在说我。
走开！统统都给我走开！
身边的人只要对我有一点不好，我就特别情绪化。
我是不是很变态？总是让自己受伤，也让别人受伤。
摇头！
你不停地伤害自己、伤害别人，其实只是为了保护自己。
我是为了保护自己？
你害怕别人带给你伤害，所以你宁愿自己来创造这种痛苦。

我不希望你们再有机会
来伤害我！
自己却一遍又一遍
地重复着伤害。
我今天加班。
下次再去吧。
明天再陪你。
伤害自己，是为
了保护自己。
我该怎么办?
人脑里有个叫杏仁核的地方，
对于私人空间很敏感。
我在这儿。

当“距离太近”或者“感到被入侵”的时候，它会警告身体有潜在伤害，提醒作出防范动作。
老大，貌似被入侵。
哪里？咱是跑还是打？
就比如渴望取暖的刺猬一样，
学会把握空间距离才能避免受伤。
不知道如何控制心灵距离吗？先学着控制环境距离！
这个给你吧！
我有好几个了。
那好吧，其实我也舍不得，哈哈哈！
后退！

我还是听不懂……算了，我去问老师吧！
也行，老师一定讲得更清楚。
嘻嘻！没什么，这事儿你不知道。
那好吧，下次聊。
控制空间距离，就能控制心灵距离，有距离才能产生美。
爸爸，我爱你！

> 徐医生碎碎念

观察一下我们身边的人或者我们自己,是不是会有这样的情况:

别人拒绝自己时会自闭,自己拒绝别人时却觉得犯了天大的错。

和别人在一起时,会考虑很多,会格外照顾对方的情绪。自己不开心则当面不表现,背后很难受。

不敢表达反对对方的想法,也不愿意提出来,总觉得说"不"就意味着得罪别人。

殊不知,各种讨好心理背后的原因、诱因、个性基础是非常复杂的,比如家庭因素,父母一方角色缺失就容易引发不敢向亲近的人提需求,怕失去最后的依靠。把别人看得比自己重,把自己的需求搁置一边,追求别人的认可,时间一长,就会非常难受。

为什么会难受?人类大脑有一种神奇的储存功能,它会把遇到的事情和学到的东西进行加工后复刻在你的DNA里。这种储存不同于在图书馆里整理书籍可以分门别类存放,大脑里面各个区块是相互作用的,那个叫作杏仁核的小玩意儿就是和情绪有关的记忆开关,它会根据过去的经验做出判断和分析,以往任何事件所产生的焦虑、恐惧、害怕、担心等情绪都会影响它对新情况的判断。空间距离近了,杏仁核就会被激活,我们就会精神敏感、情绪激动,所以我们平时说的"上头",也可以理解为杏仁核充血。当你遇到问题的时候,记住,退后一步,保持空间距离,让杏仁核冷静下来,就能有效控制住自己的情绪。

徐医生想告诉你:不要再难为自己,与其为他人燃烧,不如照亮自己。大脑会帮我们辨别真正爱你的人、关心你的人,根本就不需要你去讨好。

# 第四章
## 选择

# 01 用分数还是人格去选择志愿　　职业规划

晚上

班里同学有选警察、医生、老师、科学家……

叠!

但是后来老师给我们做了测试,发现好多同学的气质和他们感兴趣的职业并不符合。

今天心理课,老师给我们上了《我的职业我选择》,挺有意思的。

为什么呢?难道兴趣不能作为未来的职业吗?

这个我也感兴趣,你想选什么职业啊!

比如,小时候爱看书,长大做个编辑多快乐。

小时候爱看书,长大做编辑。

你也想得太简单了！老师说兴趣固然重要，但它最容易被改变。气质和个性才是潜移默化中引导我们选择终身职业的东西。

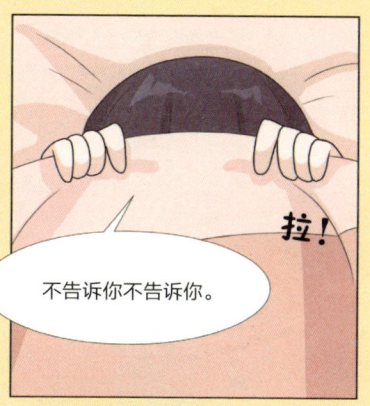

兴趣会随着年龄和环境变化而变化。

那你的气质让你选择了什么？

我就说你不懂嘛，气质又不是随便能发现的。

我来猜猜？你小时候那么爱画画，所以想当个艺术家？

拉！

不告诉你不告诉你。

进入梦境……

143

这是在哪里……

下面有6座海岛！

R岛，现实型职业人格。
S岛，社会型职业人格。
C岛，传统型职业人格。
I岛，研究型职业人格。
A岛，艺术型职业人格。
E岛，企业型职业人格。

咔嚓！

警告!!!飞机即将坠毁，请马上选择你喜欢的岛屿继续生活！

我要去哪里啊?!

啊?!要坠机了！

嘀 嘀 嘀

睁

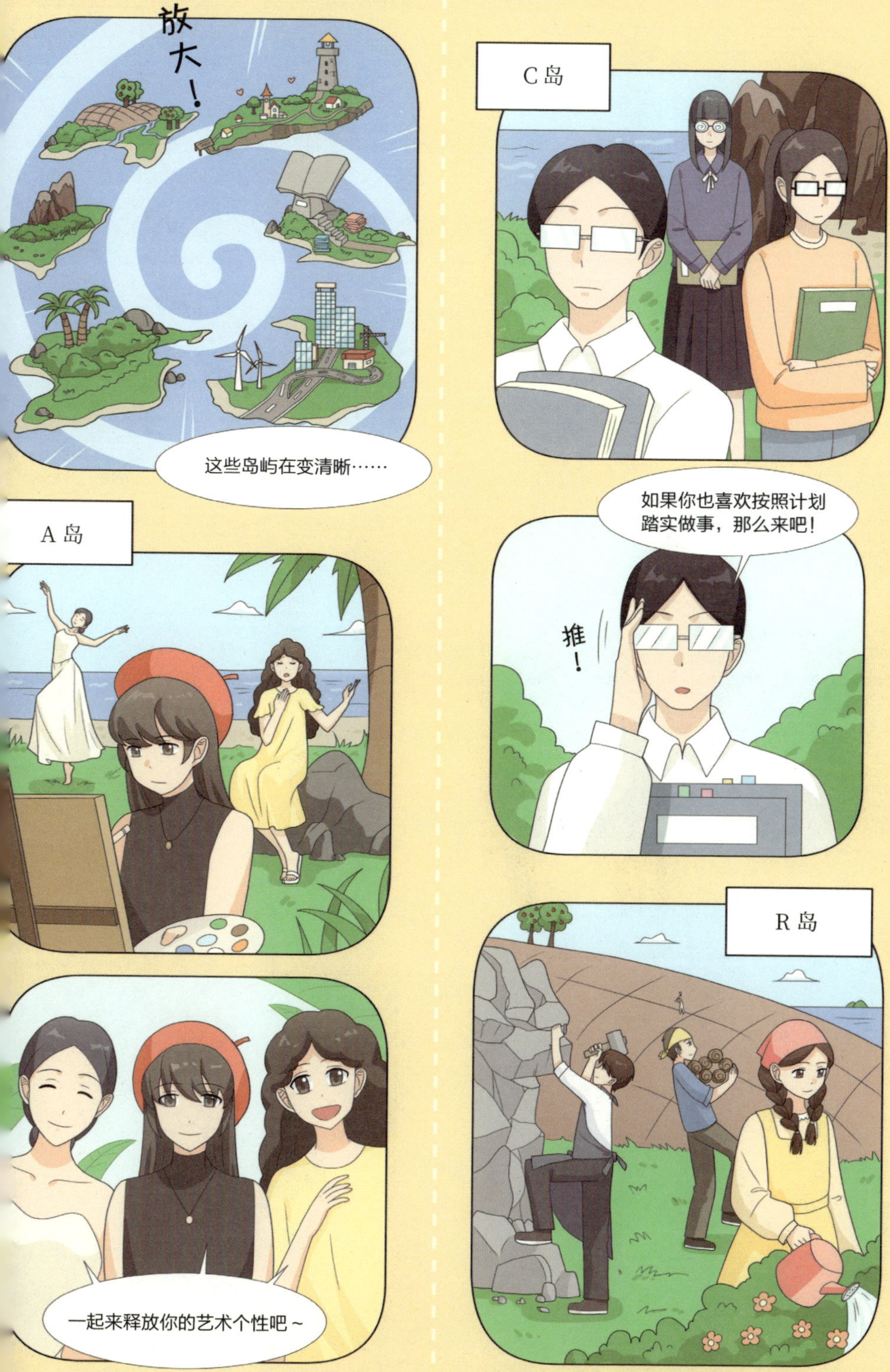
放大！
这些岛屿在变清晰……
A 岛
一起来释放你的艺术个性吧～
C 岛
推！
如果你也喜欢按照计划
踏实做事，那么来吧！
R 岛

146

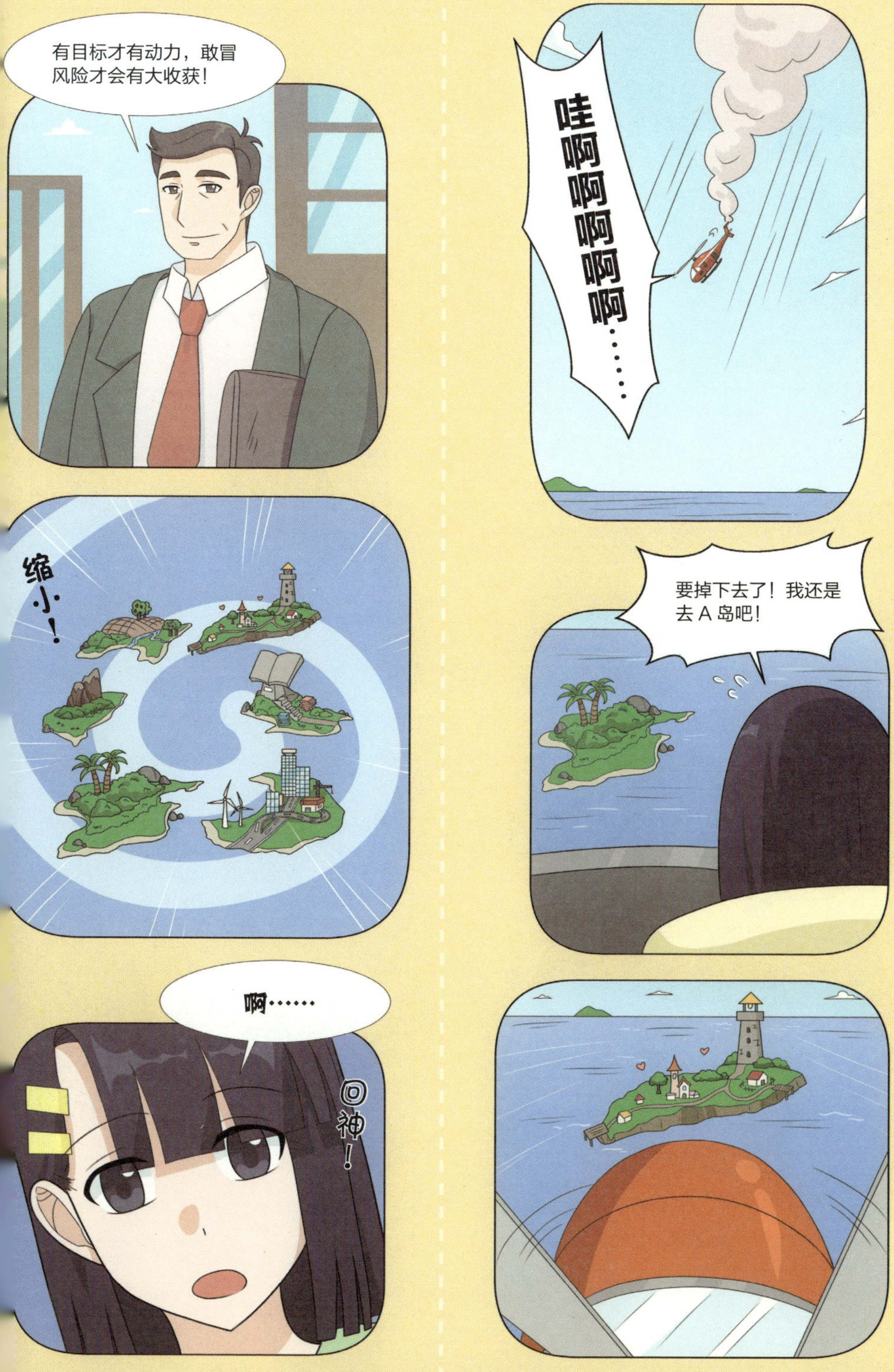
有目标才有动力，敢冒风险才会有大收获！
缩小！
啊……
回神！
哇啊啊啊啊啊……
要掉下去了！我还是去 A 岛吧！

啊！怎么是 S 岛 ?!
欢迎来 S 岛！
让我为你服务吧！
让我们成为好朋友吧！
和他们在一起，一定很幸福吧！
砰
这才过去 5 分钟，你怎么就醒了？
我做了一个很奇怪的梦……
梦到了什么？
妈妈，我明明不喜欢你和爸爸的职业，为什么我会落到 S 岛去？
什么 S 岛？你梦里在打游戏吗？

搂！
老师说了，S 岛属于社会型职业人格，喜欢付出，也喜欢得到反馈。适合的职业是：教师、社会工作者、牧师、心理咨询师、服务行业人员。
说不定你内心潜移默化中已经做出了选择，只是你看我们工作太忙了，所以才表现得不喜欢。
拍！
就是——虽然很喜欢听爸爸讲心理方面的故事和案例，但是看他每天接触那些负面的东西，我就觉得害怕。
傻姑娘，你爸选择了这个职业，是经过了很长时间的职业训练，他有这个本事，你也可以。
所以说，我已经对爸爸的职业有所偏向、开始认同了……
打好基础，慢慢探索。你一定会找到你的“dream job”的。睡吧！
点！

> 徐医生碎碎念

一场梦境让我带着大家聊聊职业心理规划。其实现实中，每个人年少时都已经潜移默化地在寻找人生发展的出路，只是好像离工作阶段很遥远，没那么急，但这真的很重要。

比尔·盖茨13岁自学计算机，17岁完成第一笔软件交易，大二时因创业需要而从哈佛大学辍学；浙江省第一个被哈佛本科提前录取的郭文景，在斯坦福大学攻读博士学位时选择辍学，后开创了AI视频工具，获得了市场的认可。这不是偶发现象，他们只是更早地找到了自己的职业心理规划。

来个连环问：你确定你所走的道路和你要去的地方是你想要的吗？你探索过自己内心的兴趣吗？你规划过自己未来的方向吗？你明确过自己的性格特质吗？你分析过自己的优势和劣势吗？记住：人生是自己的，在我们的内心有了自己真正的目标和使命后，做任何事情，哪怕压力再大、困难再多，一想到是自己的目标，那种发自内心的使命感会让我们重新充满力量。当然，在不断长大的过程中，目标也许会有变化和调整，甚至有时方向都是模糊不清的，但是那又怎样？这是我们自己的选择，有目标感比目标本身更重要。

送上一段徐医生很喜欢的话，出自德国著名作家黑塞的《流浪者之歌》："大多数人就像是落叶一样，在空中随风飘游、翻飞、荡漾，最后落到地上。一小部分的人像是天上的星星，在一定的途径上走，任何风都吹不到他们，在他们的内心中有自己的引导者和方向。"

孩子，愿你们成为那个像星星一样的人。

## 02 沉迷游戏的"居家神兽"

网络成瘾

徐兄,这里!

推!

会意!

不着急,让孩子把这局游戏玩好,我们先聊。

今天怎么那么有空请我喝咖啡?这是你儿子吧?这么大了啊!

好了,你别再玩了,你看徐叔叔都来了。

眨眼!

叔叔好!

扯!

老同学,我们坐这边聊。

你也看出来我为什么带儿子来找你了吧?!

151

没看出来，啥问题?
摊手!
坐!
都是因为这个手机!
手机可不背锅哦，我们需要调整的是人的行为方式。
一个手机能有什么坏心眼呢?
现在可不就是停不下来需要调整了吗?
儿子，这是给你上课用的手机。
啊，谢谢爸爸，太好了。
6 个月前
手机呢?
我的手机呢?

就一会儿，求您了，就一会儿。
我上课也要用的！
我让你再玩！
摔！
现在我们家每天就是围着手机在那里吵吵吵……
坐！
放！
全家围着吵，说明每个人都陷进去了。
我观察了，你儿子还是不错的。
徐兄，你是不知道家长的苦啊——他妈妈太宠他，我又不常在家，现在连批评都不管用了。

哈哈，我也是家长好吗？
但是成瘾这个事儿是需要严格判定的，并不是爱玩手机就是网络成瘾。
他懂什么？他在意的永远只有成绩而不是我。
爸爸，你什么时候回来？
很快。你最近学习怎么样？
爸爸经常不在家，只能电话交流，一开口就是问学习。
一天到晚就知道玩手机，上周数学考得怎么样？
只要一回家就骂我学习不行。我只能在虚拟世界里找理解我、懂我的人。
我好不容易约了朋友打一局，求求你们了，让我打完吧！
他根本不在乎我的感受。
有没有试过制定一个大家都认可的手机管理目标，比如，使用时间、范围、地点……让争吵减少下来？

他永远嫌玩的时间少。
他从来没有真正相信过我。
也就是说，你们各自都有坚定的想法，认为要么孩子屈服于父母，要么父母无条件听孩子的，只有一方彻底改变才是解除烦恼的方法。
对！
来，想象一下！你们现在是在看电影，如果电影里的一家人是这样的情况，你们怎么看？

太累了，别浪费时间了。
这样的对抗毫无意义。
真是“旁观者清”啊！如果事情发生在别人身上，你们还是挺懂得怎样看待的。
我们看到孩子沉迷于网络和手机，其实只是孩子的一种无法自控的过度行为。
这是面对压力后的心理宣泄，是对缺失的家庭关系的弥补，是急于融入群体的方式，是渴望成就感的选择。
对哦，我们成年人也会沉迷于烟酒、买彩票、购物等，只不过我们能够控制自己的行为。

有研究表明，人们更愿意去履行公开的承诺。来，我们试着明确地大声说出大脑里觉得能够做到的行为。

我承诺：学习日每天玩1个小时，周末玩4个小时。

我承诺：只要你做到了，我就把手机的保管权交给你，决不食言。

大声公开地说就有用?!

让我再来给上网地点做一个限定：不在卧室里玩。

让我们带着承诺，勇敢地和因网络游戏引发的冲突说"不"。

来，对着你爸爸试试！

上网本身没有错，错的是不恰当的教育和沟通方式。

**徐医生碎碎念**

每一代人都有每一代人的快乐，70后的打弹子、看小人书，80后的电视机、小霸王，90后的任天堂、PSP……现在的孩子在玩什么？虚拟的网络世界逐渐成了一些孩子的精神家园——在现实生活中萎靡不振，丝毫不影响我们在网络世界中生龙活虎。我们更倾向于和陌生人滔滔不绝、称兄道弟，然而在面对父母时却变得惜字如金、不善表达。眼看着自己日渐成为现实中的"社恐"，网络上的"社牛"，我们扯着网线，极力地想把自己从网络里往外面拽，真的好难好难……

上瘾背后的心理动机是现实生活中未被满足的心理渴望，是逃避痛苦的自我疗愈。我们只是借助电子产品这个工具去找朋友，找自我存在感，让孤独感得到缓解，依赖性得到部分缓解，让负性情绪得到释放，并能在短时间激发愉悦情感和体验，让那少得可怜的自尊心得到一定程度上的满足，觉得自己有能力支配周围事物，还能寻求到冒险的感觉。

但是恳请你们转身看看，我们身边的世界有足够有趣的地方，身边的活动让你们有足够丰富的体验，现实中我们得到的成就感和满足感是那么真实，心里藏着那么多的美好和爱。大声说出来，品尝起来，拥抱起来——虽然可能没那么轻松，但是足够美妙！

# 03 洗不干净的手

强迫状态

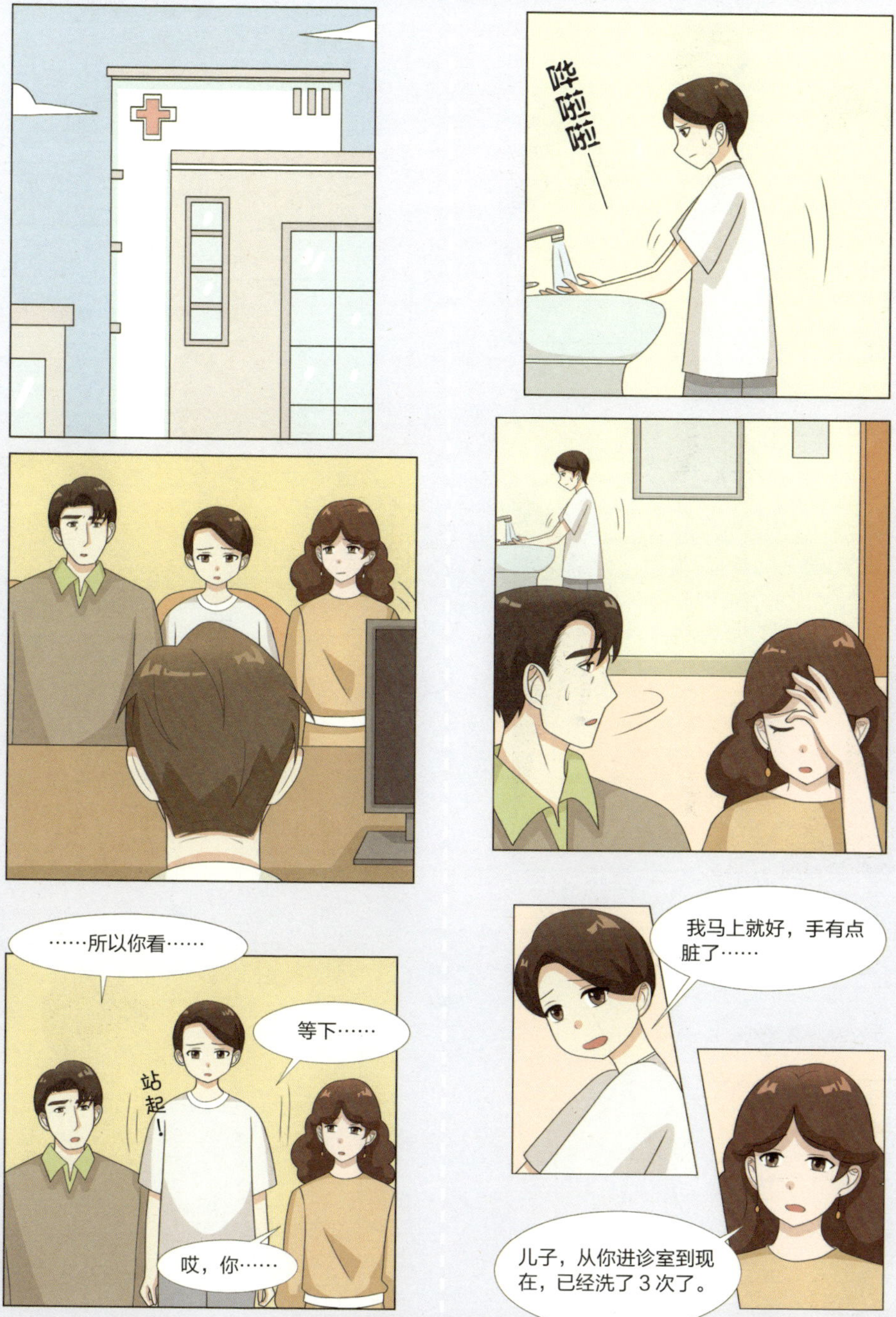

我也想控制，但总感觉病毒会藏在皮肤的褶皱里。
擦！
有半年多了，我们一直以为他只是爱干净，没想到情况那么严重。
你看手都被洗破了，一天要洗多少时间？
看！
红肿！
这样的行为持续多久了？
症状自评量表（SCL-90）
强迫指数特别高
一天 2 个小时肯定有的——忍不住啊，不好好洗洗，心里更难受。
缩！

太难了……我不是没有努力过。
刷！
洗，不洗？不洗，洗？
如果不这么洗，会影响到你的生活吗？
当然，心里特别痛苦，已经影响到这个学期的成绩了。
徐医生，强迫表现谁都有吧，我儿子这个是病吗？

问得好。日常生活中其实每个人都会有强迫表现，比如，会反复检查作业，会反复看有没有锁好门。我也经常会反复确认我的病人有没有按时吃药。
有没有吃药……有没有吃药……有没有吃药？!
医生，你问了一万次了。
强迫症是有严格定义的，和日常的强迫行为是有区别的。
有没有做好……有没有做好……有没有做好？!
一般每天超过 1 个小时，并且痛苦懊恼到影响日常生活，我们认为就达到强迫程度的指标了。
有没有锁好……有没有锁好……有没有锁好？!
嘀！
嘀！
我来帮你们简单区别一下，正常洗手和强迫洗手。

饭前、便后或外出归来洗手，频率正常。
动不动就要洗手，一天无数次。
洗手时间正常，1 分钟之内解决。
00:01:00
洗手时间延长，每天累计超过1小时。
01:00:00
洗手方式正常，无特殊方式。
必须按照特殊方式洗无数遍。

你自己对照一下。
那不是都符合了嘛，可我控制不住，怎么办？
搓手！
别担心，我们用药物加上心理疗法，效果会很不错哦。
拍！
我们陪你一起。
你看你要和疾病作斗争，全家人都陪着你。

> 徐医生碎碎念

在日常生活中，其实我们每个人都会有强迫表现，大家都想让事情做得更完美一些，比如学生会反复检查作业，司机会反复看有没有锁好车门，木匠会反复校对水平仪……但是有一个前提：这些行为并不会让我们自己感到痛苦或影响正常的生活与工作——这种行为更多地反映出一种个人力求完美、对自我有较高要求的心态，而非医学上所谓的"强迫症"。

相比于日常生活中每个人都会有的强迫现象，其实强迫症有非常严格的定义：这是一种精神疾病，其特点为有意识的强迫和反强迫并存，一些毫无意义、甚至违背自己意愿的怪异想法或冲动行为会反反复复侵入日常生活。最简单的两个指标就是，我们观察一下自己的这些怪异想法和行为，是否已经持续超过1个小时？这些想法和行为有没有让自己内心痛苦、备受煎熬？如果答案都是肯定的，那就需要引起重视，让心理医生来介入了。

我接触过很多青春期就出现强迫症状的孩子，症状产生经常会有几个比较主要的社会因素：一是家庭教育影响，往往父母会偏严厉，平时要求会较高；二是学业压力影响，学习上的压力会造成一定心理负担；三是有一定的个性特质和家族影响，也就是说自己的父母多半也有过这种症状。

强迫状态的形成是一个长期的过程，焦虑、抑郁、强迫就像是三胞胎一样，会互相转化，时间久了会分不清你我。如果这样的情绪已经有很久了，抱抱自己吧，没有人生来就是完美的，我们谁也不是。但正是这样的不完美使我们成为那个独一无二的存在——没有之一，每一个人都是不一样的烟火。

# 04 "聪明药"不补脑

物质成瘾

我就是人们口中"别人家的孩子"。

好累啊……

小学阶段

永远的第一!

学霸!

"三好"学生!

天才儿童!

进入初中

心理门诊

你好,我来咨询一下学习精力提升问题。

能告诉我更具体的情况吗?
现在的学校太“卷”了，我明明已经很努力了，可成绩还是不理想。
你都做了哪些努力呢?
我每天都起得很早……
山不在高，有仙则名……
我每天都睡得很晚……
A、B、C、D、E、F、G……
我走路都在看书。
这道题是……

我废寝忘食……
吃不吃饭啊？
等一下……
惊！
等等，你说什么药？
但是，徐医生，我感觉注意力越来越不集中，成绩也掉下来了。
叹气！
推！
是什么原因呢？
聪明药啊，就是吃了会聪明的药。
掏！
我也不知道啊，连聪明药都没办法让我打起精神……
摊手！
这是医院配的还是药店买的？

都不是，这是我网上买的。
摇头！
网上买的药，你也敢吃？
这有什么？我很多同学都在吃。
你知道这药里面都有哪些成分吗？
噼里啪啦！
挠！
不太清楚，不过刚开始吃的时候确实效果很好，即使睡得很少人也很精神。
后来是不是就效果不好了，要加量了？
扔
对对对，你怎么知道？我现在从之前的每天 1 颗增加到每天 4 颗了！精力还是不好。

| | |
|---|---|
| 你父母知道你在吃这个药吗？他们允许吗？ | 那你还让孩子继续吃？ |
| 这…… | 我之前让他停过，但是一停药他就像疯了一样，到处找药，其他事都不做了，而且……（摊手！） |
| 啊？这个药有问题吗？唉，我早就觉得不对了…… | 而且你发现这个药也确实能帮他，对吗？所以就默许了！ |

对……

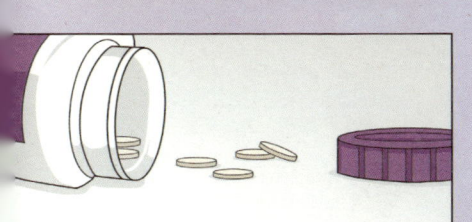

低头！

错！

啊！

长期服用这些药物对神经系统的损伤是无法估量的。

很容易引起大脑器质性的改变，从而对智力、记忆、逻辑推理等脑功能产生不可逆转的损伤。

属于兴奋剂？那这个也算是毒品吗？

省药物检测中心检测发现：

药物成分存在瓜拉纳、可乐果、假马齿苋、银杏、红景天等各种提取物，这些都属于神经兴奋剂。

虽然兴奋剂和毒品是两个不同的概念，但是它们中的成分也有不少是重叠的，绝对不能轻视。

太可怕了，还好及时发现。
药物一定要在医生的指导下服用，长期乱服会影响大脑神经发育。这聪明药啊，把人都吃傻了！
傻子才吃“聪明药”！
扔！
最补脑的方法，就是营养均衡，合理睡眠，坚持运动。
摸！
也要注意休息，学习与放松交替进行。
走走走，不看医生、不吃药了，我要回家睡觉补脑去了！徐医生再见！哦不，再也不见了！

> 徐医生碎碎念

同学们，如果可以轻松做到大脑转得飞快、兴奋喜悦、精力充沛、反应敏捷，即使忙忙碌碌，晚上睡眠时间减少也可以神采飞扬，成绩"噌噌"地向上，好不好？

心动了吧？徐医生门诊碰到过不少孩子和家长动了用药物来实现以上效果的念头。"是药三分毒"，科普一下小常识：很多人听取网络上的非正规的建议，贸然去服用利他林、阿德拉、莫达非尼等原本治疗多动症或睡眠紊乱的中枢神经兴奋剂，短期服用一定程度上会让人集中精力，但是如果不经过医生指导，长期乱服，甚至不按规定剂量服用，就会出现耐受、成瘾的现象，对大脑的神经发育有不可逆的影响，长此以往副作用不可估量。

最补脑的方法，其实都是安全且不要钱的，我来教教大家：

排第一位的绝对是睡眠，好好睡觉很重要！我们的大脑会在睡眠中自我修复。

其次就是坚持运动。我们的大脑会在运动过后分泌内啡肽等物质——它不会过量不会成瘾，却能帮助大家提升注意力，并且释放压力，让情绪变得平和。

然后，当你感到压力很大或很累的时候，还可以尝试和好朋友聊聊天。大脑的中枢神经会在你和好友的脑波同频共振中受到刺激，产生让人愉悦的神经递质，降低焦虑。你会觉得腰不酸了、腿不疼了、"吃嘛嘛香"了，还要药物干什么？！

## 05 一辈子有4次契机会引发心理问题 如何看待心理疾病

不是吗，有时间帮助别人的孩子，却没时间关心自己的孩子？
对女儿来说，你不就是个闲人？!
徐医生，谢谢你！
徐医生，我懂了。
徐医生，我现在情绪好多了。
睡了？
走了？
惊！
难道我们的孩子也出现心理问题了？
你的孩子是神仙吗？她就不能有心理问题？
叹气！

她最近怎么了？
你整天在医院解决别的孩子的问题，自己孩子有问题都没时间和你说。
她最近一直提不起情绪来，都有点厌学了。
呃……是我的问题。
挠头！
怎么不跟我说啊？有和学校的心理老师聊过吗？
她和学校的心理老师聊过 2 次了，但不敢聊太多。
她很害怕找心理医生，觉得病情比较严重的孩子才会去找医生。

这傻孩子，怎么不早点和我说啊！
女儿说了，不希望跟爸爸说太多事，有些事是秘密。
放心，我来。
咚咚！
宝贝，能出来聊聊吗？
咔嗒！
闲人免进

我知道我状态不太好，但是还不至于到这么严重的状态吧。我已经努力了，但是好像就是调整不过来。
宝贝，今天爸爸不讨论你的秘密，爸爸来给你当当参谋。
没事的，你现在感觉有哪些不舒服？
我也不是不想跟你说，就是平时经常听你和那些孩子聊天，觉得他们都是很严重才来找你的。
爸爸，我吃饭不香，白天很困，晚上睡不着，每天上学都特别累。

没事没事。
摸！
我已经很努力地调整了。
我现在就连小测试也会手心发汗。我好着急！
擦！
递！
我整天都觉得脑子迟钝，注意力不集中，是不是以后都这样了?
大哭

这样的情况多久了?
我害怕自己是得了精神病。
已经有2个月了。
傻女儿，不是所有的心理困境
都能靠自己扛得过去的。
那这么久，为什么一
直一个人扛着呢?
但是我是心理医生的女儿啊，
心理医生的女儿得精神病，
会不会特别丢人?!

真没想到你的思想包袱比我还重！
那么多次？
啥？
为什么我们大多数人最终都没得呢？就是因为我们自己会调整。
有家人会支持，有朋友会疏导，有渠道会宣泄——真的严重的时候，有专业的医生会帮助我们。
我的导师在大学里曾经和我说过，人一辈子有 4 次契机会引发心理问题。
所以，每个人一生中总有 1 次走进心理门诊的机会。
女儿，这不丢人，当你需要的时候，就去做吧！

> 徐医生碎碎念

4次？哪4次？每个人都是4次吗？其实只是为了强调每个人一辈子心理上会有4个比较集中的剧烈波动阶段。

青少年阶段容易出现适应困难，毕竟生活技能有限、社会经验有限，当生活、学习上的困难超出个人抗压能力时，因无法有效、灵活应对和融入新的情境，我们可能会产生焦虑、压力和困扰。

家庭生活中出现严重问题的阶段，如婚姻不如意、亲人去世、经济困难等。

职业生涯中遭遇失败、挫折和产生强烈失落感的阶段。

退休后，也就是我们步入银发族阶段时，会因为身体机能下降、社会地位下降，而出现心理、情感和社会适应方面的问题。

以上这些问题可能导致个体在生活满意度、情绪和社交活动等各方面出现心理问题。

感兴趣的同学，可以研读一下《发展心理学》。它涵盖了人类从胎儿期到老年期的各个阶段，关注个体在各个阶段的心理特征、发展规律和影响因素，探讨心理变化对人一生的影响；也让我们认识到，我们最终不是改变了自己，而是认识了自己，从而可以变得更加健康和优秀。

## 06 | 别熬了，会失眠的

睡眠问题

儿子，睡觉时间到了。

再玩一会儿，就一会儿。

老人家才失眠呢，我秒睡的。

还不睡吗？

再看一会儿，就一会儿。

来来来，吃饱了再睡！

开！

啊！外婆最好了！

这都几个一会儿了？别熬了，会失眠的。

扔！

那么晚吃东西会影响睡眠哦！
饿着肚子怎么睡啊?
滴答！
滴答！
翻来覆去！
翻来覆去！
走出！
受不了了，我真的睡不着了。
你不是吹牛说你秒睡的吗?
怎么办，怎么办，怎么办?!

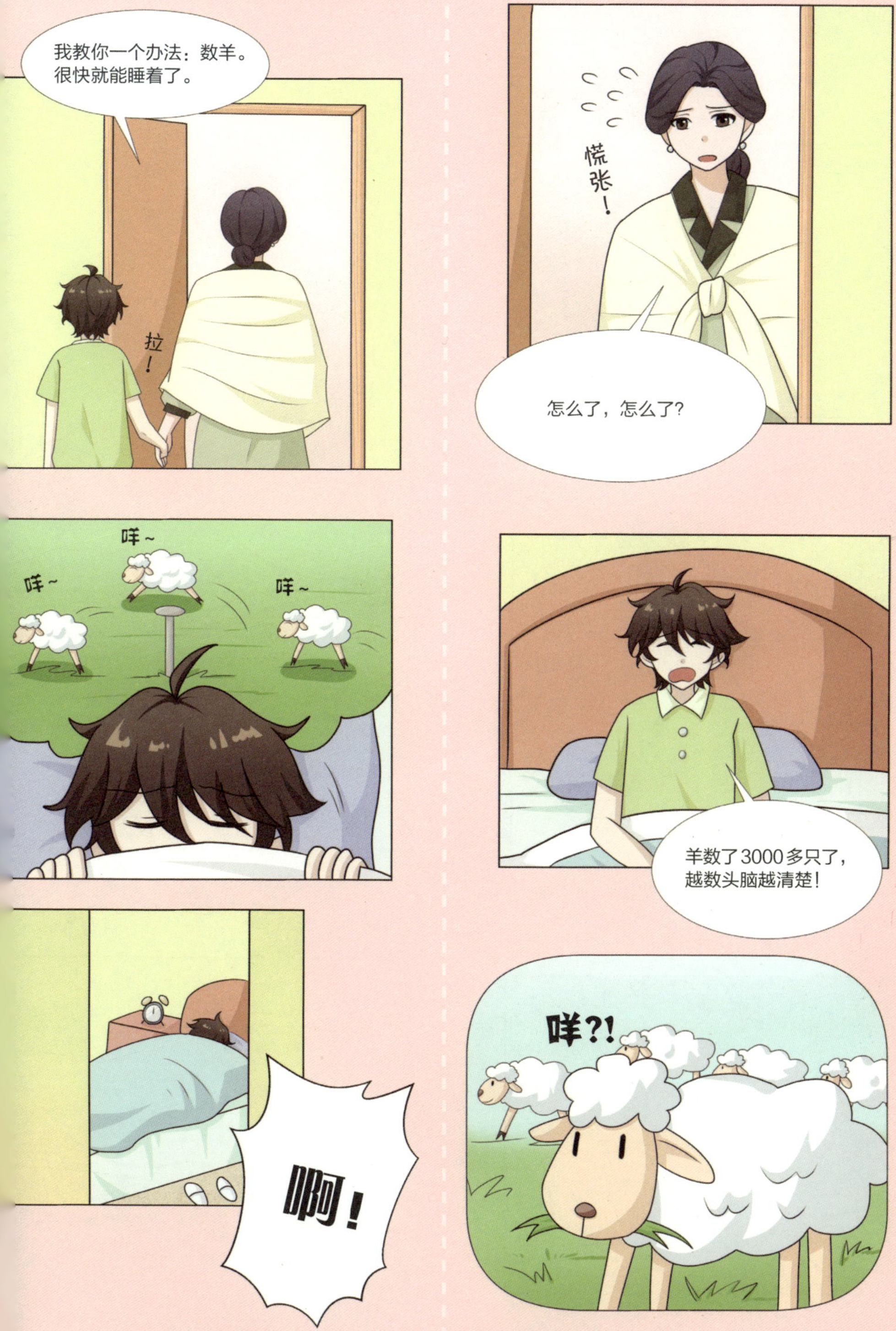
我教你一个办法：数羊。
很快就能睡着了。
拉！
慌张！
怎么了，怎么了？
咩~
咩~
咩~
羊数了3000多只了，
越数头脑越清楚！
啊！
咩?!

你妈“半吊子”乱教。你这么认真数，肯定越数越清醒啊！
那你说怎么数?
坐下！
数羊助眠的重点是让你想象大草原开阔的景色。
拍！
闭眼！

数数不是重点,让自己全身心放松下来才是。

咱们得开个家庭会议,好好探讨一下睡眠问题。

请徐医生指教!

摊手!

我们出去聊。

悄悄!

徐医生睡眠指导来了!

第一，电子产品不上床。

第二，床只能用来睡觉，做别的事情要离开床。

第三，困了才上床，不困绝不碰床。超过 20 分钟还是睡不着就起来活动活动，想睡了再上床。

第四，睡前最多喝杯牛奶，不暴饮暴食。

孩子的睡眠很重要，需要全家一起配合哦！

外婆交给我搞定。

第五，床品颜色不能太过鲜艳或者香味过分浓烈。

第六，找到属于自己的睡眠规律，每天保持一致。

老婆真好，我们的睡眠也要定时。走吧，睡觉！

> 徐医生碎碎念

"失眠?!听都没听说过,我们这个阶段,都是秒睡的。"事实真的是这样吗?

未必哦,睡眠这个曾经对于青少年来说不是需要特别关注的事,近几年却给越来越多的孩子带来了困扰。中国睡眠研究会等机构联合推出《2022中国国民健康睡眠白皮书》:中小学生睡眠时长整体仍不足,被调查的高中生平均睡眠仅为6.5小时,初中生的睡眠时间平均为7.48小时,小学生为7.65小时。的确,现在的孩子在睡前会被各种因素剥夺睡眠时长,这些都是能及时有效调整的。

首先,我们要提高睡眠质量。床就是睡觉的地方,绝对不干与睡眠无关的事;避免干扰和压力,创造一个安静、舒适的睡眠环境。

其次,培养高效的睡眠习惯,找到并且保持属于自己的规律睡眠习惯,漫画故事中提到的一些坏习惯都要避免。

睡眠的好处真的很多。青少年需要花费大量时间在学习上,而睡眠对学习有重要正向影响。研究表明,睡眠可以让脑脊液过滤变得清亮,从而帮助大脑巩固记忆,提高学习效率。孩子们,从今天开始尽可能保持每天足够的睡眠时间。健康心理,快乐人生。

# 07 休学真的就是重启吗？

休学问题

比如……休学？

将军！

……

……

……

爸爸，我可不可以休息一段时间？

当然可以，我女儿怎样都可以——

吃！

啊！不算不算！我都没看到！

啥？！

191

女儿，怎么了？发生了什么事情吗？
坐直！
哎呀！我也就那么一说，看把你们吓得。
但是妈妈你知道吗？我们班真有同学要休学了，就是我们班的学习委员，我们都挺意外、挺好奇的。
凑近！
为啥休学？学习委员还休学？打架了？考砸了？父母离婚了？
你是电视看多了吧，哪儿来那么多戏！
哈哈哈，我儿子真是想象力丰富。
拍！
你同学是遇到什么事儿了吧？平时性格怎么样？成绩稳定吗？
推！

还是我爸问的专业。
他提问就是专业，我提问就是加戏？你偏心！
偷笑！
你看爸爸的职业病又犯了，开始了解病情了。
我们学习委员估计是前面因为骨折休息了 3 个月，后面学习跟不上了。看他一直都不开心的样子，我猜他是想重新来过。
摇头！
通过休学的方式来突破当下的困境，这样的做法看似美好，可现实却很残酷，许多时候未必会比现在更好。
碰到这种意外，情绪不好也正常。
选择休学有时候是逃避，有时候也是无奈啊！怎么？你也想学啊？
妈妈说的对。很多同学休学在家，脱离学校环境，远离所谓的问题，远离刺激因素，情绪可能会好起来，也有可能更糟。

啊？还会更糟？我还在想，这样是不是可以让学习状态更好呢！
你想多了，小姑娘！换了是我休学在家，玩儿都来不及，怎么还会学习啊！
那是你，我才不会！
你弟弟说的也对。你想啊，如果休学在家，肯定先要做些学校里做不到的事情啊，比如打游戏，看电视，睡懒觉……
摸！
休学多美好！
然后呢？在没有监督和学习节奏的情况下，
生活上也懒散，不注意个人卫生，说不定还会因为在家里时间太长，家庭关系变得更差。
休学多可怕！

如果你动了休学的念头，先来看看“休学三问”。
哪三问？
休学三问来了！
1.为什么要休学？
2.问题能解决吗？
3.休学期间能做什么？
第一个问题：为什么要休学？
重大外伤、手术、慢性重大疾病，这些对身体有重要影响，可以休学。
和老师矛盾重重，见到同学紧张害怕，进入校门就胸闷气急，
听到成绩就手脚发麻，天天和父母吵架……这些对情绪有重要影响，也可以考虑休学。
第二个问题：
2.问题能解决吗？

比如你的这个同学啊，我看休学八成意义不大。
思考！
没有真正了解自己，就无法通过休学解决问题，反而让自己陷入情绪的循环中。
我女儿真聪明，比爸爸说的还好！
那么，休学前后我们能做什么呢？
3.休学期间能做什么？
决定休学前
你觉得休学前我们要做什么？

休学后

开个家庭会议!

当你休学了,你会怎么做?

对,要得到父母家人充分支持,明确自己为什么休学?

充分休息、合理运动、适当旅游。

有病看病!

温馨提示

如有心理问题,尽早找专业医生评估,明确休学原因。

197

学习不能完全中断，找到属于自己的节奏，为将来重新复学做好准备，不至于复学后猝不及防。
不过学习适度即可。定期接受心理咨询甚至药物治疗，通过改变环境和心境，重新早日回到健康心理的平衡点。
最重要的是对自我有充分的认知，知道自己的能力、接纳自己；也可以建议和父母去做心理咨询，改变一下家庭沟通模式。
嗯，爸爸，我明天要把这些建议告诉我同学，让他再慎重考虑一下。
冒出！
那你还休学吗?
你才休学！你全家都休学！
爸爸！妈妈！姐姐说你们呢！啊！救命！

> **徐医生碎碎念**

  平行宇宙、时间控制器、超能力等科幻作品中出现的东西,为什么能让人浮想联翩?其实这些"不可能"的背后隐藏着人们想做好最充足的准备、发挥自身最大能力,得到最好结果的憧憬和心理需求。

  每每看到那些因休学来征求我的意见的孩子,我看到的不是大家口中所谓的要强、追求完美等标签,而是一个个期盼成功、追求梦想的青少年形象。

  人生可以按重启键,甚至可以从头开始,但依然有前提:需要孩子们付出极大的勇气。更多的时候我们看到的事实是,大多数休学的孩子即便从头开始,结果也没有惊天逆转。因为做出休学的决定前、休学过程中需要改变的东西太多了。如何利用好腾出来的时间,如何面对现实压力减少后的改变,如何改善心理状态:这些都是一次另类的成长和经历。

  身边有想休学的同学,或自己想休学的,请把这篇漫画故事的要点仔细地再看一遍,再慎重地做出决定。

## 08 第一次走进心理门诊

就诊问题

唉……

小家伙不知道最近心里在想什么？

我回来了……

我出去了……

老公，你有没有觉得女儿……

再观察观察……

还要再观察?!你作为专业医生，自己女儿情绪不对还不马上出手？

我的套路女儿老早都懂了，我们与其主动出击不如等待时机。

时机来了！

嗯……那就好。

我回来了……

好的，继续保持
咨询，再见。
盯！
爸，你也帮我找个
心理医生聊聊，最
近烦着呢！
嗯？怎么了？
看你最近老是心事重重
的，我觉得你有这个主
动的想法挺合理的。
你还真淡定。你就不问
问我，为什么不找你？
有一刹那产生过这个想法；
后来一想，可能陌生人更能
帮到你。
我只是想找个女的聊聊。

心理咨询不是普通的聊天，也不是讲道理搞教育，本身有一套成熟的咨询策略。
了解情况
心理测评
制定方案
比较严重的，就要制定“药物＋心理＋家庭”联合治疗方案。
打电话也算治疗?
那个不属于心理咨询，顶多算个随诊。
平时你看我打电话聊天，其实只是侧面了解一下孩子的情况。
心理健康
心理学
或者……你推荐两本书给我看看，说不定就解决了?

你都唉声叹气 2 个月了，看书恐怕解决不了问题。
一次性搞定吗?
怀疑……
其实我还是挺犹豫的……
这个嘛，我觉得第一次，你总要先认识一下对方。
有时候专业的第三方，会让你又快又舒服地解决问题。
拍!
看看她提供的方案能不能帮到你，最不济，你也有了一次吐槽的机会，而且是专业人士认真在听的那种。

你找来的心理医生，
我能放心吗？
放心吧，我们有保密原则的——你妈同事的孩子找我咨询，我都从来不和她分享的。
如果我去了无效，
怎么办？
这种情况也是有的，一般会再给你换一个心理医生。咨询本身就是双向选择的。
还是无效呢？
再换，再不行，
多上几个！
搂住！
这都行？！你就不担心我真的诊断出心理问题来？

反正咱就积极配合，有问题就解决问题呗。

如果查不出问题来呢？

傻姑娘，没问题我们就放心了呀！

好吧，听起来没毛病——你帮我约起来吧，我想试试！

站起！

> 徐医生碎碎念

随着心理健康普及时代的到来，走进学校的心理咨询室或者医院的心理门诊，对于00后、10后的同学们来说早已不是什么稀奇的事了——身体会生病，心理当然也会"感冒"。

而另一方面，在心理门诊中，我每天在接待被各种情绪困扰的孩子的过程中，看到的往往都是父母在做主导，我相信大多数情况不是父母不信任孩子，而是他们已经试过了所有的办法，孩子依然没有走出困境，父母就需要主导这件事了。所以我看到最多的是，父母焦虑地叙述着孩子各种让人担心的表象，忐忑地等待着孩子的各种心理测评结果，然后再百般纠结地考虑何种药物更有效、心理干预方案的优缺点……而孩子好像置身事外，对父母提到的表象不屑一顾，对结果要么憧憬，要么抗拒，对治疗方案爱理不理。

很多孩子告诉我，第一次走进心理门诊，有些紧张——不知道该以什么样的心态开始这段体验，有点迷茫——感觉父母抢了自己要说的。其实徐医生想说，多想也没用，只要自己想明白这次面对面就诊到底想要从心理医生那里带走什么，大大方方地交流就可以了。对方可能会给你一个满意的答复，也可能会给你一个没想到的思考角度，或许还是一次畅快的倾诉，一场被倾听的愉悦体验。过程中可能不是那么快就能敞开心扉，或许会有难以交流的担忧，也可能有对自我暴露的不安，或许还有对被包容接纳的莫名抵触感，也有可能产生对咨询师的不满和疑问……会有各种可能性发生，不用事先预设答案，以自己舒服的状态和心理医生聊聊就好了。

记住，任何时候，一个会沟通、懂表达的人，一定会得到更多自己想要的东西。